關鍵躍升

從個人貢獻者到團隊管理者
高效主管的底層邏輯

A Critical Leap
New Managers' Guide to Getting Things Done

《底層邏輯》作者
劉潤 ———— 著

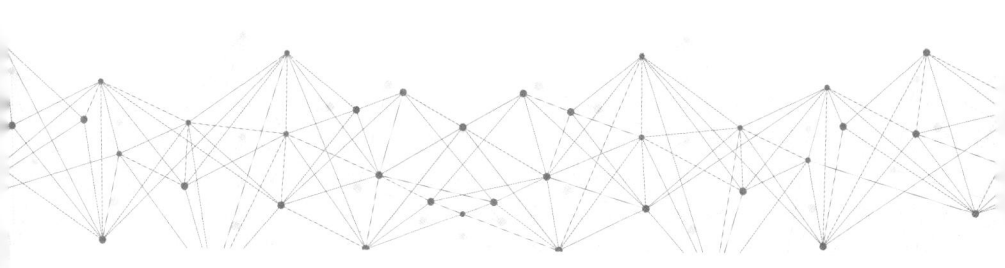

▶ **推薦序**
（以來稿順序排列）

可攜式的底層邏輯

　　劉潤之所以是劉潤，就是他用「底層邏輯」這四個字，看待所有日常事務。全書都可應用在職場，用「關鍵躍升」當主軸，事實上，就是將底層邏輯轉化在新任經理人，讓他們不僅能掌握心法，更能掌握劍法的可攜式能力（transferable skills）。

　　可攜式的底層邏輯到底有多重要？舉我當例子，再合適不過。

　　1993 年中，因為在前公司表現亮眼，高薪挖角至新公司擔任行政部主任，一年餘就因為換位置沒換腦袋，悵然離職後轉換至業務跑道。

1997 年至 1999 年，因為在業務工作閃亮無比，成為公司明星球員，隨後接任三家店的店經理，我還是用明星球員思維力圖帶領出明星團隊，最終仍然鎩羽而歸，壯志未酬。

　　兩段三十歲左右的工作經驗，不僅看出我的幼稚，更能看出我的青澀。隨後的科技業業務主管、職業講師、知識創業者、使命推動者這幾個角色，我慢慢修正自己的盲點，重新調整回成熟賽道，最終才明瞭一件事，無論我的產業為何？職位高低？最終發現：「我的關鍵躍升是找到自己的使用說明書，看待我帶領的每一位夥伴，用動力與溝通技巧，凝聚團隊，讓團隊能協同作戰，為共同目標努力。」

　　而這類社會科學，沒有標準的領導管理類議題，劉潤巧妙的用了幾個簡單公式、基礎數學（小學程度），將新任經理人的手足無措，用一套套心法加劍法，呈現在大眾眼前。

　　二十年前，我若有本書，我不會如此糟糕，或許會有更不同的謝文憲，本書為跨產業均適用的可攜式新任經理人教戰守則。

──謝文憲　企業講師、作家、主持人

管理者的價值是讓團隊做到多少

升上管理職，不只是換個頭銜而已，而是從「自己發光」到「讓團隊發光」的重大轉變。

我讀完劉潤老師的著作《關鍵躍升》，深得我心。過去，我們習慣靠著個人能力衝鋒陷陣，但到了某個關鍵點，必須學會透過團隊，發揮更大的力量。這本書談的就是這個轉折期該怎麼調整、該如何順利躍升。

書中有一句話很觸動我：「你的價值不是你自己做了多少，而是你讓團隊做到多少。」劉潤老師透過豐富的案例和深入淺出的邏輯，清楚地告訴我們，管理者的任務不是親力親為，而是建立團隊、信任團隊，並讓每個成員都能發揮所長。

我尤其喜歡書裡關於「心法」的討論。他提到，成為管理者的過程裡，最困難的不是學技巧，而是改變自己的心態。從「獨自衝刺」到「帶領眾人前進」，這需要勇氣，更需要智慧與謙遜。

《關鍵躍升》就是一本這樣的書，它不是教你怎麼做一個好主管，而是告訴你怎麼成為一個真正能啟發團隊的人。

推薦給剛升上主管的你，也推薦給所有想讓團隊更好的你。真正的管理者，是把「我做得好」，變成「大家都做得好」。

——丁菱娟　影響力品牌學院創辦人

成為主管後的躍升關鍵

看著《關鍵躍升》這本書,好像在回顧我的職涯史,有點甜蜜,也有點驚悚。甜蜜的是,我當上小主管再到大主管的年資超過二十年,一路上從跌跌撞撞到倒吃甘蔗,劉潤書中的觀念與我多數契合,深得我心。驚悚的是,我在管理上的底層邏輯仍有盲點,還好有機會閱讀這本書,讓我覺察問題,獲得改善。

我在公司每一年會有兩次機會幫正職夥伴開設職涯課程。我會提出雙A計畫。第一個 A 是 Attitude,保持良好的工作態度是職場可以獲得升遷的關鍵。第二個 A 是 Action,行動力是強大的競爭力,透過不斷的行動與嘗試,讓老闆有機會看到你。這兩個 A 是我認為一般職員躍升主管的鑰匙。

而我在公司每月舉行的店長會議中,我會時常提出雙 V 哲學。第一個 Vision,身為主管,要用願景來領導,讓夥伴看見未來。第二個是 Value,強化工作價值,格局影響結局,要懂得運籌帷幄,決戰千里之外。這兩個 V 是我認為當上主管之後一定要有的管理思維。

如劉潤所言,他寫這本書的念頭醞釀已久,最終花了數年時光終於完成。我們算是幸運的,只要花幾百元就能把管理的底層邏輯搞懂,真的很划算。誠摯推薦給想要在職場上大展鴻圖的你閱讀。

——吳家德 NU PASTA 總經理、職場作家

PREFACE ▶ 序言

完成關鍵躍升的底層邏輯

從個人貢獻者（Individual Contributor）到團隊管理者（People Manager），是一次「關鍵躍升」。為什麼是「躍升」，為什麼「關鍵」？

因為支撐你做成事的「系統」徹底變了。以前你面對的是事，現在你面對的是人。這次「關鍵躍升」，在你的整個人生中都非常重要。它帶給一個人的不只是升職加薪，還伴隨著心智的成熟。

可是，對很多人來說，這次關鍵躍升是「摸著石頭過河」。你第一次當主管[1]，沒有管理經驗，只好在「吃一塹，長一智」

1　原書為「經理」，惟內容適用於各階主管，故改之。——編者注

中逐漸走向成熟。等你修煉到總經理的高位時，關心的又都是公司的戰略問題了。你沒有足夠的精力來幫助一線主管成長。於是，他們和你一樣，為了掌握管理的基本功，又要經歷一輪迷茫和苦惱，這是典型的「重複發明輪子」，極大地影響了個人和公司的發展。

於是，我們年復一年地看到迷茫、苦惱的新任主管。中國每年都有大約 1000 萬大學畢業生湧入職場。長江後浪推前浪，大量的「員工」被這 1000 萬大學生推上「主管」職位。這種推動力生生不息，但其實很多人並沒有準備好。

甚至不少人升到總監或者更高職位時，依然沒有完成「關鍵躍升」。比如，有不少管理者並不清楚公司設立主管職的意義何在，進而影響到自己履職盡責；也有不少人不清楚一個優秀的管理者應該具備哪些素質和技能，進而無法明晰自己彌補短板的方向……很多公司面臨著「中層塌陷」，一個重要根源就是「關鍵躍升」的缺失。

所以，我很想在做了 20 多年管理後寫一本書，送給所有的一線主管、打算成為一線主管的員工，以及早已身居高位但依然沒有完成「關鍵躍升」的朋友。

我希望用一本書講清楚，從「自己完成任務」躍升到「透過別人完成任務」，在這個全新的系統裡，你應該懂得的道理、需要掌握的方法以及可以使用的工具。這些都是我當年初任主管時非常渴望知道的東西。

今天，我把這些思考寫成了這本書。

雖然我自知和管理學術大師比起來，遠在廟堂之外，但我依然希望能從自己的管理實踐中，提煉出一套實現這次關鍵躍升的「底層邏輯」。

什麼是底層邏輯？就是不同之中的相同之處、變化背後不變的東西。底層邏輯是有生命力的。因為在我們面臨環境變化時，只有底層邏輯才能被應用到新的變化中，從而產生適應新環境的方法論。

所以，這本書和傳統的管理圖書有很大的不同，它自成體系。

這套體系包括心法和劍法。心法包括四個躍升，即責任躍升、溝通躍升、關係躍升、自我躍升。具體來說，主管以前對任務負責，現在對目標負責；以前用自己的手，現在用別人的腦；以前大家是左右的夥伴，現在大家是上下的戰友；以前追求小我的滿足，現在追求大我的成就。而劍法則講了主管的四個重要角色，即鼓手、教練、長官、指揮。這套底層邏輯將會打破許多主管的「俗知俗見」，重塑管理理念，變革管理方法。

這本書從開始籌備到出版，花了 6 年時間。我組建了一個包含策劃、整理和編輯的團隊，來協助我寫作。大家反覆打磨框架、修改標題、篩選案例、梳理邏輯、推敲文字，前後修改了十多輪。這是大家共同創作的。感謝我的團隊。

另外，本書還有一個特別之處，那就是寫作過程中有大量一

線管理者深度參與，他們在書中分享了他們的痛苦、智慧和真實案例。他們的參與讓本書更具現場感，更加實用。在此，向他們表示衷心的感謝。

知識就是力量，希望這本書能夠成為每位員工完成「關鍵躍升」的必備參考讀物，助力大家少掉一些坑，少走一些彎路。

在職業生涯中，關鍵的就那麼幾步，從員工到主管無疑是其中尤為重要的一步。祝你順利完成你的關鍵躍升。

推薦序　可攜式的底層邏輯　謝文憲 003
推薦序　管理者的價值是讓團隊做到多少　丁菱娟 005
推薦序　成為主管後的躍升關鍵　吳家德 006
〔序言〕完成關鍵躍升的底層邏輯 008
〔導論〕為什麼越「不做事」的人收入越高 014

PART 1 ｜ 心法

- 責任躍升：從對任務負責到對目標負責 028
- 溝通躍升：從用自己的手到用別人的腦 037
- 關係躍升：從左右的夥伴到上下的戰友 046
- 自我躍升：從小我的滿足到大我的成就 054

PART 2 ｜ 動力

- 員工不努力，是因為他的發動機沒被點燃 067
- 憤怒與恐懼：不要死於聽天由命和漫不經心 084
- 尋賞：把胡蘿蔔掛在結果上，而不是你手上 094
- 愛好：合格的主管可以管「80 後」，
  優秀的主管可以管「90 後」 104
- 責任：這是我自己的事，不是別人的事 114
- 意義：理解意義的意義 126

PART 3 ｜ 能力

- 教練：為明天的自己訓練團隊 141
- 做中學：從用人所長到幫人成長 151

- 傳授：不要用訓人代替教人 163
- 培訓：突破團隊的能力天花板 174
- 換單位：不要把鐵杵磨成針 186
- 替換：你是願意教一隻火雞爬樹，還是換一隻松鼠 198

PART 4 ｜溝通

- 溝通的目的，是減少資訊不對稱 214
- 想明白：搞清楚「為什麼」「是什麼」「怎麼做」 224
- 降維溝通：聽不如說，說不如寫，寫不如畫 235
- 溝通的七種武器 246
- 流程、制度、價值觀：穿越時間的溝通機制 262
- 能接受：避免陽奉陰違 271

PART 5 ｜合作

- 執行靠閉環 282
- 提高靠循環 294
- 發展靠規劃 304
- 健康靠文化 315
- 格局靠授權 324
- 效率靠流程 336

〔後記〕 347

Contents

PREAMBLE ▶ 導論

為什麼越「不做事」的人收入越高

什麼是「關鍵躍升」?

為什麼我要寫一本書,專門講「關鍵躍升」?先講個故事。

做了 5 年的一線銷售工作,拿了 3 次銷售冠軍,小張終於收到通知,被提拔為銷售部主管。

小張欣喜若狂:從明天開始,再也不用做業務活了。市場市調、電話拜訪、網路行銷、彙報銷售情況和銷售計畫等,這些工作都可以交給下屬了;今後不用再遭遇打陌生電話時被冷冷掛斷,送樣品時被攔在大鐵門外,產品掉鏈子[2]時被客戶指著鼻子罵,收尾款時求爺爺告奶奶,甚至孩子生病時還必須去陪客戶應

2　關鍵時刻或者是比較重要的事情沒做好,或者說做「砸」了。——編者注

酬了⋯⋯。

興奮過後，小張開始思考：為什麼我「不做事」，不為公司跑業務拉訂單，薪水反而高了？老闆給我升職加薪，圖的是什麼？我怎樣做才對得起這個職位和這份薪水？小張開始擔憂，如果不把老闆的意圖搞明白，不要說自己更上一層樓，恐怕連這個主管職位也保不住。

老闆為什麼提拔員工做主管，他圖的是什麼？

這是員工（個人貢獻者）要**轉變**為主管（團隊管理者），首先必須想明白的問題。

在大型公司裡，不僅有不做銷售的銷售主管、不做開發的開發主管，還有不做營運的營運主管。在數量上，這些「不做事」的主管和做事的人相比，是什麼關係呢？大約是1：5的關係[3]。也就是說，大概每5個「做事的人」，就有1個「不做事的人」管著。

考慮到「不做事的人」的收入通常比「做事的人」還高，這絕不是一筆很小的成本。

那麼，為什麼需要那麼多「不做事的人」去管「做事的人」呢？難道做事的員工自己不會管自己嗎？老闆真的需要這麼多收入高、不做事的「人上人」嗎？老闆圖什麼？

圖這個「不做事的人」可以專注在與「自然效率」作戰上。

---

[3] 按照「每個管理者管6個下屬，5~10層管理架構」計算。

自然效率

什麼叫「自然效率」？

舉個例子，10 個人被安排去種樹，組織者提供工具和樹苗，要求他們多種樹、種整齊。怎麼做？先分工：挖洞、種樹、填土、澆水。然後，這 10 個人就開始做了。

小趙去挖洞，小錢去種樹，小孫去填土，小李去澆水……10 個人就這樣自發地忙活了起來。可是，他們做事的效率比較低：因為挖洞慢，其他人都要等洞挖好了才能開工；種樹的人種完樹，發現沒人填土，眼看著那棵樹要倒掉，只好先扶著；澆水的人打好了水，但發現前三道工序還沒完成，那就歇著吧，等土填完了再澆水。

一天下來，這 10 個人手忙腳亂，爭吵、返工[4]、浪費、等待，最後勉強種了 20 棵樹。這種在「自發分工，隨機合作」機制下的工作效率，就是「自然效率」。

好了，現在輪到你雙手插兜，吹著哨子閃亮登場了。你說：「我來指揮，你們好好做。」怎麼做？

考慮到種樹這件事，挖洞花的時間長，種樹費的力氣大，這兩項工作最艱鉅，因此你決定抽調 6 人，分成 A、B 兩組，每組 3 人。A 組負責挖洞，B 組負責種樹。累了之後，兩組交換分工。

4　指重做一項做得不好的工作。——編者注

由於填土快，所以只需要安排 1 人，作為 C 組，他還能給其他三組做後援。剩下的 3 人組成 D 組，專門負責澆水。就這樣，大家開始做！

一天下來，他們種了 80 棵樹。

按照自然效率，10 個人一天只能種 20 棵樹，但是因為你帶來了管理效率，10 個人一天種了 80 棵樹。

20 棵樹 vs 80 棵樹，多種的這 60 棵樹，就是你「不做事的價值」。

假如種一棵樹收入 100 元[5]，在自然效率下，10 個人種 20 棵，平均每人種 2 棵，那麼每個人的收入是 200 元。

現在因為你而多種了 60 棵，創造了 6000 元的額外價值。所以，你的收入理論上就是 6000 元，是普通員工平均收入的 30 倍。

你現在明白為什麼越「不做事」的人，收入越高了嗎？因為雖然你「不做事」，但是「不做事」也有「不做事」的價值。你的價值，是用管理效率打敗自然效率。你的價值，就顯現在有你和沒你兩種情況下團隊所創造的價值的差額。

你的價值 = 團隊價值 ×（管理效率 - 自然效率）

要顯現出你的這一價值，你需要一次「關鍵躍升」，一次從

---

[5] 本書所提到的幣值如無特別提及均為人民幣。——編者注

「個人貢獻者」到「團隊管理者」的躍升，一次從自己拚命做事到自己「不做事」但團隊產出反而更高的躍升。

但是，很多新任主管（甚至很多「資深」主管）不理解這件事，他們總是喜歡擼起袖子就去「種樹」。雖然的確很辛苦，但可能恰恰因為疏於管理，導致產出大大減少。

繼續前面的例子，假設你親自下場種樹，而你並不比任何團隊成員更有優勢，那麼你和團隊加在一起共 11 個人，只能種 22 棵樹，比用更有效的「分工合作法」所種的 80 棵少了 58 棵。

這就相當於，你拿著主管的薪水，卻沒有做好作為主管的本職工作，而是去搶員工的工作做，最後讓公司「虧」了 58 棵樹，價值是 5800 元。

所以，到底什麼是「關鍵躍升」？

關鍵躍升，就是從「個人貢獻者」到「團隊管理者」的躍升。這個躍升的核心，不是擁有更高的收入、更大的辦公室、更受尊敬的頭銜，而是從自己獨立作戰到帶領團隊「突破自然效率」。

那麼，主管如何帶領團隊「突破自然效率」呢？創造管理效率。

管理效率

關於主管如何突破自然效率，創造價值，我總結了一個公式：

管理效率 = 動力 × 能力 × 溝通 × 合作

打個比方,主管和團隊的關係,就像賽車手和賽車的關係。賽車對於贏得比賽功不可沒,但操控這輛賽車的是賽車手。賽車手必須理解賽車,才能操控賽車。

這個公式就是賽車的結構(見圖 0-1)。

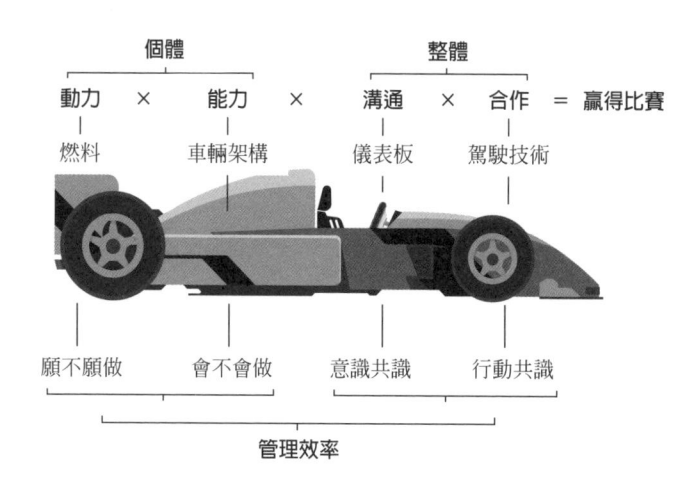

圖 0-1 突破自然效率的公式

首先是動力。

要想讓一輛賽車跑起來,首先要有燃料,如汽油、柴油、氫。使用不同燃料和不同數量氣缸的發動機,賽車跑起來的速度是完全不一樣的。如果你想讓自己的賽車跑得特別快,就得讓它

有足夠大的動力。

同樣，主管想讓員工跑得特別快，該怎麼辦？首先得讓員工願意跑，讓他有發自內心的強大動力去跑。

其次是能力。

能力取決於這輛車的整體架構設計。這輛車的剎車系統用什麼技術，避震系統用什麼技術，軸距是多少……這些因素決定了一輛車的架構。馬車怎麼都跑不過汽車，汽車怎麼都跑不過飛機，其能力源於其架構，這個架構決定了它能做多大的事。

對應到人身上也是如此，每個人的能力是不一樣的。只靠激勵不能獲得能力，能力只能透過學習獲得。

動力是「願不願做」，能力是「會不會做」，兩者缺一不可。動力不能解決能力的問題，能力也不能解決動力的問題。

再次是溝通。

賽車手坐進賽車之後，面前的儀錶板會告訴他這輛車的汽油有多少、速度是多少、水箱的溫度是多少、現在是什麼擋位，這些都是資料。資料是用來溝通的，賽車手可以根據資料快速做出回饋，透過溝通系統，快速掌控這輛賽車。

同樣，建立溝通機制是主管和團隊融為一體的基本條件。作為主管，你只有和團隊保持溝通，才能保證員工理解你的決策邏輯；你只有即時瞭解員工的進度、遇到的問題，才能保證及時做出調整。

最後是合作。

合作就相當於賽車手的駕駛技術。賽車手看到儀錶盤上的資料之後，可以打方向盤，可以手動換擋，打方向盤和手動換擋都屬於駕駛（合作）技術。

員工就相當於組成賽車的各種零件，如有的人是輪胎，有的人是發動機，有的人是方向盤，有的人是連動桿，需要主管來協同。主管不僅需要設計管理的流程，來避免員工做重複的甚至相互衝突的事，還需要設計根據結果持續改進的機制……這些都是團隊正常運行所必須的合作技術。

以上四個要素，其中動力和能力是針對個體的，溝通和合作是針對整體的。四個要素彼此相乘，才能得到預期的效率。之所以用乘法，是因為其中任何一個要素為 0，都會導致團隊滿盤皆輸。

從個人貢獻者到團隊管理者，不是一次攀升，不是從 35 米攀升到 37.2 米，然後 37.3 米，37.4 米……而是一次躍升，是從 37 米一下子躍升到 40 米。這中間的差距，只能靠縱身一躍。

你躍過去的那個鴻溝，是兩套完全不同的系統之間的差異。這一躍，是如此之難。因為大家太想「自己做事」了。

自己做事，非常可控，一切都在掌握之中。這種對掌控性的渴望，導致很多人在做了管理者之後，甚至在做了高階管理者很多年之後，都沒有改變過來，總想擼起袖子親自下場做。人似乎已經躍過來了，但心還在對面。

這一躍，又是如此重要。因為在今天，一個人想去遠方，靠

雙腳是不夠的，必須依靠車馬。同樣，一個人想成大事，靠自己是不夠的，必須依靠團隊。

這就是為什麼這本書的名字叫《關鍵躍升》。那麼，如何躍升？

從下一章開始，我們一點點來講。

小結

不用風吹日曬雨淋地跑業務，也不用在生產線上揮汗如雨，主管只需坐在辦公室裡指揮指揮、打打電話、發發EMAIL，跟人聊聊天、談談話，「不做事」卻拿更多的錢，為什麼？

法國科學管理專家、管理學先驅之一，法約爾（Henri Fayol）說：「管理是組織的器官。」因為有了管理這種「器官」，公司所創造的價值一定比沒有這種「器官」時所創造的價值大得多。

既然「管理是器官」，那麼管理就一定有其獨特的功能，即幫助做事的人突破自然效率。

有一次，我和阿里巴巴（簡稱「阿里」）前總裁衛哲一起聊天，聊起阿里。衛哲說：「整個阿里只生產一種產品，就是『幹部』。我們依靠幹部，來不斷突破阿里成長的『自然效率』。」

主管突破自然效率的底層邏輯，是透過優化流程，高效地連接更有動力、更有能力的人，以此創造最大的價值。

主管創造價值的公式，是「管理效率 = 動力 × 能力 × 溝通 × 合作」。

從個人貢獻者到團隊管理者，是一次關鍵躍升。祝你順利完成關鍵躍升。

學員感悟與案例

肋骨：作為主管，你的價值不在於寫多少行代碼，賣出多少貨物，畫出多少張圖紙。你的價值在於你的團隊因為你的工作，在有條不紊地通力合作；你的部門因為你的協調，減少了與其他部門的矛盾；你的主管因為你的存在，在做決策的時候能對當前的形勢有更全面、清晰的認知。正是因為你在這些方面做得遊刃有餘，才會讓人感覺你「做得少，拿得多」。

EdenWang：我所在的互聯網研發領域有個詞叫「研發效能」，是指團隊能夠持續為用戶創造有效價值的效率；還有一個詞叫「10×工程師」，是指一個高效能工程師的績效產出是

普通工程師的 10 倍。作為研發團隊的管理者，我的核心工作就是努力讓更多人都成長為「10×工程師」，從而提高整個團隊的研發效能。

王婷婷：潤總的開篇講授，讓我收穫特別大，徹底扭轉了心態，概括地說，就是「不要著急做具體事」。為什麼這麼說？

1. 合格的主管是透過制訂流程和計劃來提高團隊效率的。
2. 主管沉迷於在一線做具體的工作，實際是在浪費公司的資源。
3. 主管必須扭轉心態，從具體的事中脫離出來，改變工作習慣，忍住不去代替員工做事，而是支持員工做事。
4. 主管的職責是給團隊成員定目標並支持他們實現目標。
5. 主管的價值是讓團隊實現1+1＞2的效果。

以後每周我會在以下方面固定分配時間：

1. 與團隊成員溝通目標、工作重點和遇到的困難。
2. 協調資源、工作內容，同步。
3. 拆解工作目標並覆盤。
4. 與上級溝通。
5. 輔導團隊成員，幫助他們解決困難。

025

PART1.
心法

			自我躍升
		關係躍升	從小我的滿足到大我的成就
	溝通躍升	從左右的伙伴到上下的戰友	
責任躍升	從用自己的手到用別人的腦		
從對任務負責到對目標負責			

自己做事 ⟶ 通過別人做事

主管的「心法」修煉

責任躍升：從對任務負責到對目標負責
四種責任感
把目標拆解成任務

溝通躍升：從用自己的手到用別人的腦
有損溝通
高手從不否定對方

關係躍升：從左右的夥伴到上下的戰友
對事不對人
公司不是家

自我躍升：從小我的滿足到大我的成就
把自我的邊界擴大
牴觸情緒的源頭
關注全局效率

我把對「關鍵躍升」的思考，放在了一個公式裡。這個公式就是導論裡提到的，主管創造價值的公式：

管理效率＝動力 × 能力 × 溝通 × 合作

這個公式是實現關鍵躍升的「劍法」。但是，在練習「劍法」之前，我想先講講「心法」。因爲只有心法改變了，認知改變了，行爲才會自然地發生改變。

這個「心法」，就是成爲主管之後，接受從「自己做事」到「透過別人來做事」需要的四個心理上的躍升：責任躍升、溝通躍升、關係躍升和自我躍升。

責任躍升：從對任務負責到對目標負責

在老闆演示 APP 給客戶的過程中，程式突然當機了。老闆丟了面子，回公司後把部門主管小張痛罵一頓。

小張覺得很委屈，說：「這件事不是我的錯，都是我手下的小王沒做好。我安排得好好的，講得那麼清楚，結果他還是做砸了，這能怪我嗎？」

結果老闆說：「員工的錯也是你的錯啊！」

小張更委屈了：「我怎麼知道他會做砸呢？我的責任是把事情跟他講清楚，我叮囑他好多遍了，就算我有責任，最多也是

失察之責。我沒監督好，願意自罰三杯，但最主要的錯是員工的！」

這是工作中很常見的場景。請問，這主要是誰的錯？

是員工小王的錯嗎？畢竟程式是他寫的。是老闆的錯嗎？他在沒有經過充分測試，沒有確認百分之百沒問題的情況下，就向客戶演示APP，結果出了問題。

以上都是俗知俗見。其實，這既不是員工的錯，也不是老闆的錯，而是團隊管理者的錯。

如果上級問責，主管認為是員工的錯，就相當於把責任向下穿透了，主管沒有「扛住」這個責任。主管不應持有對「任務」負責的心態，認為自己的任務是分配工作、監督工作，而把事情做完是員工的責任。主管應該對「目標」負責。

每一級管理者都要能扛住上一級的所有問責，因為責任是不可以穿透的。美國前總統杜魯門（Harry S. Truman）有一句名言：「問題到此為止。」能扛事兒的才是大哥。

團隊管理者一定要明白一件事，從員工晉升到主管，你首先需要經歷一個重大的躍升。這個躍升，叫作責任躍升。你的責任從對任務負責變成了對目標負責，這是一次質變。

四種責任感

「工作的核心是責任。」組織裡的不同層級承擔著不同的責任。具體到個人，人們有四種不同的責任感（見圖1-1）。

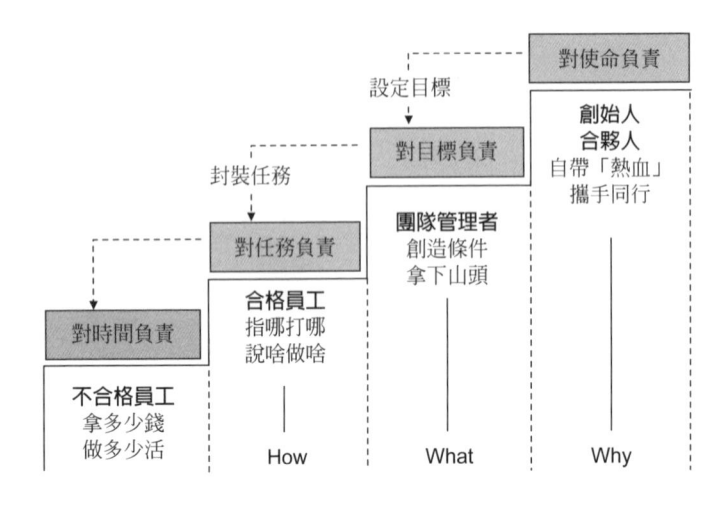

```
                                        對使命負責
                              設定目標    ┌──────────┐
                                ↓        │ 創始人    │
                          對目標負責      │ 合夥人    │
                    封裝任務  ┌────────┐  │ 自帶「熱血」│
                      ↓      │團隊管理者│  │ 攜手同行  │
                對任務負責    │創造條件 │
              ┌──────────┐   │拿下山頭 │
              │合格員工  │
              │指哪打哪  │
       對時間負責│說啥做啥  │
      ┌──────┐
      │不合格員工│
      │拿多少錢 │
      │做多少活 │
              How         What        Why
```

圖 1-1　四種責任感

・對時間負責

　　這種責任感大體可以概括為 8 個字：拿多少錢，做多少活。有的員工每天早上 9 點準時打卡，下午 6 點準時下班，他覺得自己不欠公司的。如果作為主管你不讓他走，而讓他加班，那就是公司欠他的，那公司給足加班費了嗎？就算能多做他也不做，因為公司給他的錢就這麼多。這個員工的心態就是對時間負責。就像老祖宗唱的：「日出而作，日入而息。鑿井而飲，耕田而食。帝利於我何有哉。」這種職場人，打工打出了獨立灑脫的味道。但主管和老闆會看著不順眼，其後果可能是被迫離職走人，換個地方擰螺絲。

・對任務負責

這種責任感也可以通俗地概括為 8 個字：指哪打哪，說啥做啥。

員工問：「主管，你找我做嗎？」主管吩咐他去接一個人。過了一小時，他回來了，問：「主管，我回來了，接下來做什麼？」主管又吩咐道：「你幫我把這份報告整理一下，梳理出客戶不滿意的主要原因。」員工答道：「好，我儘快整理報告。」這個員工的心態就是對任務負責。他並不去理解自己所做的任務是為了達成什麼目標，只要是上級交代的，就使命必達。

有相當一部分的員工確實就適合執行具體的任務，主管把任務描述得越詳細具體，他們執行得越好。作為員工，他們服從命令聽指揮，是公司打勝仗的基礎。

・對目標負責

這種責任感也可以通俗地概括為 8 個字：創造條件，拿下山頭。

拿下山頭是老闆定的目標，至於怎麼拿下，那得靠員工自己創造條件。對目標負責的時候，執行力雖然也重要，但主要用的是思考力，這是從動手到動腦的一次躍升。

對目標負責，本質上是企業把千頭萬緒的執行問題封裝成一個目標，然後配置相應的資源，交到主管手上，主管要拿著資源，對目標負全責。

假設主管手下有 10 個員工，這 10 個員工每天要做很多事，這些事還要來回調整，如果主管事無鉅細地向老闆彙報，老闆會一頭霧水。主管就是責任的「封裝器」，可以用目標這個容器（比如部門年銷售額達到 1000 萬元），封裝 10 個員工加在一起可能承擔的 100 個任務，這樣老闆的管理將會變得輕鬆，這就是團隊管理者的價值所在。因努力完成了很多工而感到「問心無愧」，出了錯就對上級大談自己的「苦勞」，這些都是主管不成熟的表現。

· 對使命負責

這種責任感也可以通俗地概括為 8 個字：自帶「雞血」，攜手同行。

如果一個人是真的發自內心地相信公司的使命，他就會有強大的內在驅動力，也就是「自帶『雞血』」。從完成目標到達成使命，是職業生涯的又一次躍升，這一次是從動腦到動心的躍升。那麼，什麼層級的人需要完成這一躍升呢？

企業裡不同層級的人要有不同的責任感。對時間負責的人，基本上是不合格的員工。企業對員工的基本要求是對任務負責，他們要知道 How（怎麼做）；企業對主管的基本要求是對目標負責，他們要知道 What（做什麼，即部門要達成什麼樣的目標）；企業對創始人或合夥人的基本要求是對使命負責，他們必須理解 Why（為什麼做，即公司要達成什麼樣的使命）。

我們從上往下看企業營運。創始人或合夥人之所以創立一家公司，是因為有想要達成的使命。為什麼稱為「合夥人」？就是因為大家都相信這個使命，都願意為這個使命而合作、奮鬥。微軟的「讓每個家庭的桌上都有一台電腦」、阿里巴巴的「讓天下沒有難做的生意」、小米的「讓每個人都能享受科技的樂趣」，這些都是企業的使命。

把目標拆解成任務

那麼，團隊管理者怎麼才能做到責任躍升呢？怎麼才能在心理上「斷奶」，從對任務負責到對目標負責？怎麼從別人交代你「怎麼做」，到交代你「是什麼」就可以了呢？

第一，要懂得拆解目標。

目標只能「面對」，沒法「執行」。我們只聽說過執行任務，沒聽說過執行目標，你必須先把目標拆解為任務。拆解不同於拆分，拆解是做乘除法，拆分是做加減法。做加減法很容易，但成為主管之後，我們要學會做乘除法。

有一次我輔導一個電商團隊。老闆為主管定了一個目標，今年要完成 5000 萬元的服裝銷售額。主管立刻跟我聊：「我的團隊裡有 5 個小夥伴，每人完成 1000 萬元行不行？」我說：「這是不行的，這是做加減法，是拆分，不是拆解。」

拆解是做乘除法。基於對業務的深度理解，可這樣拆解銷售目標。

銷售目標＝店鋪粉絲數 × 轉化率 × 客單價

首先得知道店鋪的粉絲數,就是有多少人關注你的店鋪;再看平均每天有多少人會下單購買,得出日訂單量的轉化率;最後是看客單價,用戶平均買了 500 元的東西,還是 1000 元的東西。

這個主管最後把 5000 萬元的年度銷售目標(假設一年工作 300 天),拆解為「17.5 萬粉絲 × 2.4 轉化率 × 400元客單價 × 300 天」。其中,最大的難點在於第一個要素,店鋪粉絲數要達到 17.5 萬人。

這就是我們所說的拆解目標。

第二,拆解完目標之後,再進行拆分。

我們以粉絲數的拆分為例,將達成 17.5 萬粉絲的目標拆分為季度目標:第一、第二季度的任務要更重些,這樣上半年的業績資料才不至於難看。然後怎麼做?大家紛紛出主意:第一,透過優質短影音加粉;第二,透過裂變加粉,以打折等優惠活動推動用戶分享店鋪給朋友,朋友加粉後再分享給各自的朋友;第三,透過平臺做推廣活動,用便宜商品引導加粉。這三個任務分別由不同的員工負責。

主管把目標拆解為任務之後,每個員工就可以專心去忙自己的任務。如果之後還是沒達成目標呢?這時候主管要記住一句

話,「降妖除魔你去,背黑鍋我來」。主管要扛住這個責任,因為團隊管理者要承擔目標層面的後果,而員工只承擔任務層面的後果。

小結

企業裡不同層級的人有四種責任感:對時間負責、對任務負責、對目標負責和對使命負責。後三種的本質是 How(怎麼做)、What(做什麼)和 Why(為什麼做)。

對目標負責,本質上是企業把千頭萬緒的執行問題封裝成一個目標,然後配置相應的資源,交到主管手上,主管要拿著資源,對目標負全責,「咬定青山不放鬆」。對上,主管封裝了整個團隊的所有責任,要做到責任不穿透,「甩鍋」給下屬的行為是很掉價的。

對目標負責具體該怎麼做?先拆解,再拆分。拆解是做乘除法,拆分是做加減法。

主管要向能「扛事兒」躍升。你扛得起多大的目標,就能成多大的事業。

學員感悟與案例

楊正：對時間負責的人，遇到挫敗時會說「我一直都在忙，又沒閒著」；對任務負責的人，遇到挫敗時會說「該做的我都做了，問心無愧」；對目標負責的人，遇到挫敗時會說「一定有辦法能走出去，繼續尋找」。

關關：磨刀不誤砍柴工，理解自己的角色定位及責任定位，在我看來也是一種磨刀。只有釐清思想層面的邏輯，明白了自己的職責，接下來的具體工作才會更有重點、更聚焦，你才會投入更多的時間去做正確的事情。

涂發勝：雖然說員工對任務負責，管理者對目標負責，但是我個人認為讓員工瞭解目標，能更好地提升他們的積極性，促使他們更認真地對結果負責。

伯北：有了目標感，你可能會成為一個出色的管理者，但你可能並沒有成就感，並且感覺很累。潤總提到了目標感之上的使命，這可能是驅動主管走得更遠的決定性因素。

溝通躍升：從用自己的手到用別人的腦

主管把目標拆解成任務後，接下來就要和員工溝通任務了。

主管小張交代完任務後，發現員工沒什麼反應。小張問，你聽到了嗎？員工答，聽到了。過了幾天小張又問，你做了嗎？員工說，沒做。小張說，那你趕緊做啊！員工說，可是我不知道怎麼做。小張說，那你之前怎麼不問呢？然後，員工問了幾句後就開始做了。做完之後，小張發現員工所做的達不到自己的期望，就問道，你當時聽明白了嗎？員工說，聽明白了。小張讓他說說看聽明白了什麼，結果發現員工並不太理解自己的意圖。

小張有種一拳打在棉花上的巨大無力感，員工不按照他的意圖做事，任務時間到了又拿不出他想要的結果。就像莫文蔚的歌中唱的，「你講也講不聽，聽又聽不懂，懂也不會做，你做又做不好」。他覺得自己對整個團隊是失控的，隨之而來的焦慮感讓他抓狂，他強烈地渴望把控制權牢牢地掌握在自己的手上。

升任主管之後，溝通之所以重要，從「心法」的層面來看，其實是因為過去你自己能完成的任務，現在要透過員工來完成，溝通機制發生了變化，你正在從「無損溝通」走向「有損溝通」，這是一次重大的躍升。

有損溝通

我們先來理解什麼叫「無損溝通」。當我們還是員工的時

候，我們是自己跟自己溝通，自己的大腦和自己的雙手進行溝通，心到、眼到、手到，一氣呵成，想到就能做到。我們把這叫作「無損溝通」。為什麼？

請你想像一個場景：你自己去拿一杯咖啡喝。

你先產生了一個念頭——我要喝咖啡，然後用手拿起一支咖啡杯，把杯子放到嘴邊，喝上了一口，整個過程如同行雲流水，簡單自然。

如果認真分解，你會發現這裡邊有大量的溝通。核心的溝通步驟有兩個：一是你的大腦讓你的手去拿咖啡，你的想法是無損的資訊傳遞，完整度是百分之百；二是你的手接收到資訊後，馬上付諸行動，大腦如果想喝溫的，它會等咖啡涼一涼再把杯子送到嘴邊，手對大腦指令的接受度是百分之百。你既是決策者，也是執行者，因此想法傳遞有著百分之百的完整度，行為是百分之百的接受度。這個溝通效率是極高的，只不過你以前沒有意識到。

現在情況不同了，成為團隊管理者之後，你是決策者，員工是執行者，決策和執行分離，就出現問題了。

我們要知道，從自己的大腦指揮自己的雙手，變成自己的大腦指揮別人的雙手，溝透過程中多了兩個仲介（見圖 1-2）。第一個仲介是自己的嘴，你大腦裡的資訊要透過自己的嘴傳遞出去。第二個仲介是員工的大腦，它要接受資訊，再把資訊傳遞給雙手。

這兩個仲介造成了兩個問題。第一個問題是，自己的嘴傳遞資訊的時候，造成了資訊的損耗，完整度不是百分之百。第二個問題是，員工的大腦接收資訊之後，是否真正認同你的指令，現實中往往接受度也不是百分之百，會有資訊的損耗。這就叫「有損溝通」。這兩種損耗在本節開頭的溝通場景中都存在。

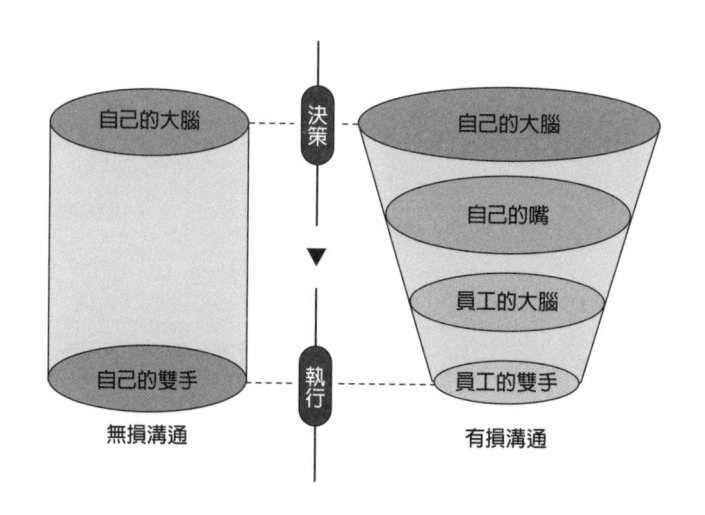

圖 1-2　無損溝通與有損溝通

管理者的嘴和員工的大腦，這兩個溝通仲介造成了巨大的損耗，這是團隊管理者出現溝通困境的根本原因。

所以，從員工晉升到主管，你需要經歷的第二個躍升就是：從「無損溝通」的無須技巧，到具備應對「有損溝通」的高超技巧。

那怎麼做呢？

高手從不否定對方

從員工晉升到主管，就是從管自己變成管團隊；就是從修身轉變為齊家；就是從繼承一個進化了百萬年的成熟溝通系統，到新開創一個系統去管理運行。其難度可想而知！

為了達成目標，再難也得上。我將在第 4 章「溝通」中向大家詳細介紹三套溝通的「劍法」——想明白、講清楚和能接受。在本節中，我們先來學習溝通的「心法」——四種話術。我要講的這四種話術（見圖 1-3），前面三種都是從各路高手那裡學到的。

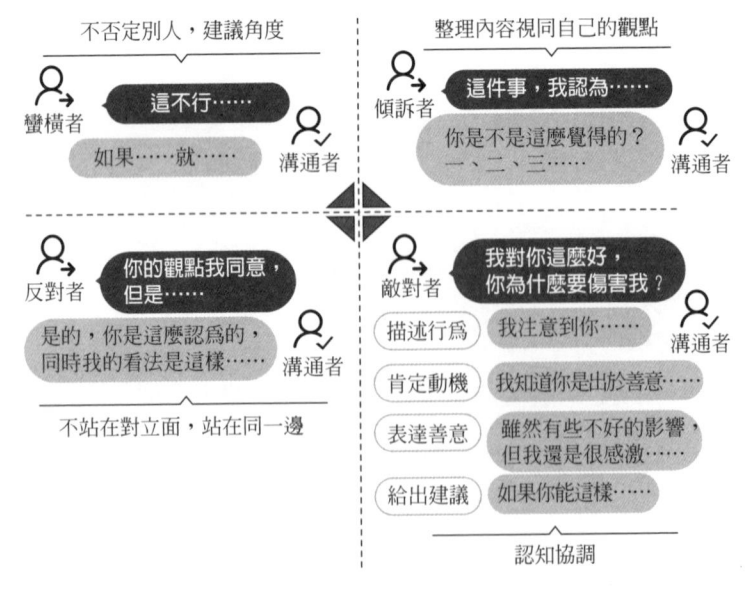

圖 1-3　四種溝通話術

不否定別人，建議角度：
- 蠻橫者：這不行……
- 溝通者：如果……就……

整理內容視同自己的觀點：
- 傾訴者：這件事，我認為……你是不是這麼覺得的？一、二、三
- 溝通者

不站在對立面，站在同一邊：
- 反對者：你的觀點我同意，但是……
- 溝通者：是的，你是這麼認為的，同時我的看法是這樣

認知協調：
- 敵對者：我對你這麼好，你為什麼要傷害我？
- 描述行為：我注意到你……
- 肯定動機：我知道你是出於善意……
- 表達善意：雖然有些不好的影響，但我還是很感激……
- 給出建議：如果你能這樣……

不要說「這不行」，而要說「如果……就……」

我以前有個老闆，他是微軟大中華區的副總裁，我特別尊敬他，我們經常一起聊天。有一次聊天時，他跟我講了「如果……就……」這個話術。

他說他以前的老闆是惠普的 CEO，還競選過美國總統。他跟老闆談事的時候，老闆從不會說「你這裡不對」。老闆會說：太好了，「如果」你能再加上這個東西，這件事「就」更有機會實現了。

他的老闆從不否定別人，而是以建設性的方式跟人溝通，你缺塊磚，就給你加塊磚，你缺根木頭，就給你加根木頭。「如果……就……」，「如果」的後面就是他加上去的建議。

不要說「but」（但是），而要說「yes...and...」（是的……同時……）

不說「但是」，而是說「是的……同時……」，和說「如果……就……」一樣，你在不否定員工的同時，還提供了更好的建議，接受度會更高。

這是我和幾個領教工坊的領教去參加世界頂級 CEO 教練馬歇爾‧戈德史密斯（Marshall Goldsmith）的工作坊時學到的話術。

戈德史密斯說，今天我們放一個盒子在前面，任何人都不

准說「但是」，一旦說了「但是」，就要往盒子裡放 10 美元。在隨後的溝通過程中，經常有人會說：「你的觀點我很同意，但是……」一聽到這句話，戈德史密斯就請他往盒子裡放 10 美元。後來大家都非常注意，但還是時不時會說出「但是」，並因此不斷掏出 10 美元。

這讓大家非常震驚，參加工作坊的人都是很注意溝通的人，卻還是不止一次地說出「但是」。戈德史密斯說，為什麼不能說「但是」，因為一說「但是」，你就和對方站在了對立面。而只有你和對方站在同一邊的時候，才更加有助於達成共識。所以，我們在溝通中要儘量減少說「但是」和「不過」，而要說「同時」「以及」。比如，當對方的觀點你並不認同，且你有自己的觀點時，你可以說，「是的，你是這麼認為的，同時我的看法是這樣的」。你沒有說「但是」，你說的是「是的……同時……」。

「你是不是這麼覺得的？」

這種話術是羅振宇老師教我的。他曾在央視工作，經常要採訪很多人，被採訪的人大多沒有接受過表達方面的訓練，往往會一口氣說很多。他不能說人家囉唆，他會在聽完之後說，我幫你總結一下，你是不是這麼覺得的？然後他說出第一點、第二點、第三點…… 他的總結通常會更加清晰，對方聽完後覺得這確實是自己的意思，就會表示認可。這樣，他就可以按照自己總結的

幾點來整理文字了。

當你說「你是不是這麼覺得的？」的時候，對方就會把接下來你整理過的內容當成他的觀點，你的觀點的接受度就會得到極大提升。

「我知道你是出於善意」

這種話術是我自己總結的。

你在與下屬溝通時，有時他是牴觸的，有時他就是想讓你難堪，有時他只是要證明自己能力強，跟你觀點不一樣。這時你千萬不要跟他當面對質，說：「我對你這麼好，你為什麼要傷害我？」這樣你們會爭吵起來。這麼做，可能當下制止了他對你的不利和傷害，但你也會因此多一個敵人。

因為沒有人會認為自己是那個「壞人」，就算他做了壞事，他也一定為自己找好了理由。哪怕你戳穿了他，他也一定會本能地從認知協調出發，維護自己的動機，於是他就會記仇。

因此，我們不能攻擊對方的「動機」。我們可以這麼溝通：我注意到你最近做了件什麼事（描述行為），我知道你是出於善意（肯定動機），我看出來了，你還瞞著我，我非常感激，謝謝。

雖然這份善意沒有真的起到作用，甚至對我有一些不好的影響，但我還是很感激（表達善意）。如果你能這樣做，就更好了（給出建議）。

如果你一直堅持這麼說，對方就會相信：自己做這件事，就是出於善意，自己是好人（這很重要）。

一旦對方的認知改過來了，同樣出於認知協調的原因，他就會修改自己的行為，讓自己所做的事情符合善意這個動機。

小結

本節我們學了從個人貢獻者到團隊管理者的第二個躍升——「溝通躍升」。

在做員工時，我們自己的大腦跟自己的雙手進行溝通，資訊傳遞有著百分之百的完整度和百分之百的接受度，這是想法和行動無縫連接的「無損溝通」。

成為團隊管理者後，我們透過別人來做事，決策和執行分離，我們要用自己的大腦指揮對方的雙手，這時是「有損溝通」。我們的嘴導致了資訊完整度的損耗，他們的大腦導致了接受度的損耗。雙重損耗之下，佈置的任務往往完成度很差，這時團隊管理者往往會產生失控的焦慮感。

那該怎麼辦呢？要努力實現「溝通躍升」，從自己知道怎麼做升級為讓他人接受這麼做。本節先告訴你溝通的「心法」——四種話術：「如果……就……」「是的……同時……」「你是不是這麼覺得的？」「我知道你是出於善

意」。富有建設性，是這些話術的內核。

四種話術能夠助力新任主管實現從青銅到王者的溝通躍升。

學員感悟與案例

周樹濤：有時候，我以為自己說明白了，但其實有歧義，不清晰。工作中連簡單的數量訊息都有可能傳遞錯誤，更別說複雜的指令了。重要的事確實要說三遍，但不是簡單地重複三遍，而是要有3倍的訊息冗餘，以保證訊息傳遞的準確度。

小光：權力分為三種，即法定權力、專業權力和魅力權力。想讓自己的腦指揮別人的手，要充分理解並運用權力的作用機制。如果你只有法定權力，現在年輕的員工根本就不聽你的，因為「90後」、「95後」年輕人的成長環境更多元，家境相對優越，個體意識很強，對權威不盲從。所以，團隊管理者應將其他兩種權力發揮到極致。也就是說，要想指揮優秀年輕人的手，你有兩條路：一是讓他們佩服你，二是讓他們喜歡你，當然，最好是兼而有之。

關係躍升：從左右的夥伴到上下的戰友

我們繼續修煉「心法」，談談從員工晉升到主管的第三個躍升：關係躍升。

你剛剛升為主管，發現自己和同事的關係在不知不覺間改變了。你當上部門主管，通常有兩種可能：一種可能，你是空降的，你從公司內部的一個部門調到另一個部門當主管，或者你從公司外部調過來，下面的員工以前並不認識你；另一種可能，你所在部門的主管走了，你因為業績突出，被提拔為主管。

發生第二種情況，你先是覺得很高興，同事們也祝賀你。但是你慢慢發現，大家對你的態度發生了很大的改變，本來無話不談的同事不再像是朋友，有事情也不跟你說了。你有種關係微妙的感覺，甚至有點害怕，很想回到從前那種關係。剛升為主管，你也想不出什麼好辦法，於是就下樓買冰淇淋請大家吃，希望釋放善意，挽回大家的朋友關係。

請問這種做法對嗎？

釋放善意是對的。但是，想做回朋友就不對了。

這聽上去非常扎心。為什麼呀？做朋友難道不對嗎？

什麼是朋友？朋友之間是對人不對事的關係。當你的朋友和別人吵架時，哪怕是因為他開車追尾而要負全責，你也會認為是別人的錯。當你把對方當朋友的時候，對錯的優先順序就會往後排，你跟他的關係就會往前排。因此，不管他有沒有道理，你都

會幫他出頭,因為你們是朋友。

當你們是同級的員工時,你們是朋友,會一起吐槽老闆、公司和客戶,一起做事,一起加班。就算你覺得老闆有道理,也會跟他一起吐槽,因為你們是朋友,你們之間是對人不對事的關係。

所以,為什麼說回到朋友關係就不對了?因為對人不對事的關係只適用於朋友,不適用於上下級。

那麼,怎樣的上下級關係才是對的呢?

對事不對人

同級的員工,是左右的夥伴。左右的夥伴的本質,是我不用對你的「事」(也就是業績)負責。作為同級的員工,你我是左右相交的兩個圓。在大部分情況下,我做我的,你做你的。我們之間偶爾會有合作,基本上是沒有直接競爭的。就算夥伴沒完成業績目標,就算他做不到老闆要求的事,就算他偶爾偷懶,你也不用為他的事情負責,也沒有權力去管他。在這種情況下,你很容易對人不對事。

主管與員工,是上下的戰友。上下的戰友的本質,是裡外嵌套的兩個圓,主管是大圓,員工是小圓,大圓包含小圓。員工的責任是主管的責任的一部分,主管要對員工的責任負責。你做得不好的部分,過去跟我沒關係,現在跟我有關係了。

這個時候,作為主管,你的關注點不再僅僅是這個人,更重

要的是他身上所扛的那些事。因此，你更容易對事不對人。

從員工晉升到主管，從左右的夥伴到上下的戰友，本質上是從對人不對事走向對事不對人（見圖 1-4）。

這個時候，同事們會特別不適應，作為主管的你也會特別不適應。員工之所以難受，是因為你對他有權力了；你之所以難受，是因為他對你有責任了。

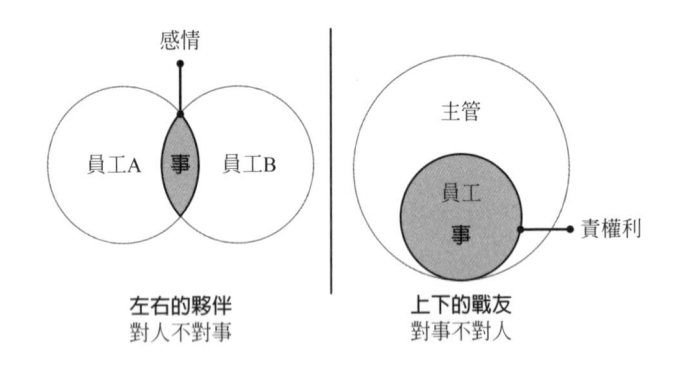

圖 1-4 關係躍升

你們之間的關係，從基於「感情」，到基於「責權利」，彼此都是對方的利益相關方。

公司不是家

該怎麼實現關係躍升呢？

關係躍升首先是一種認知上的重大躍升，也是一個心理建設

的過程，還是一個先打碎再重建的過程。

第一，在認識上，清醒地剖析雙方關係的本質。

主管和員工的關係既不是家人關係，也不是朋友關係，而是戰鬥友誼。

我們說面對朋友時是對人不對事，面對家人時更是極端對人不對事，你是不能開除你的家人的。有的公司經常講「我們是一家人」，這是錯誤的，因為你們本質上不是家人。有一次，一家外商的中國市場負責人召開一個大會，一位來自美國的全球副總裁也來參加，負責人覺得挺有面子，於是邀請手下的高階主管上臺發言，好好表現一番。有個主管說，下午我太太剛生了孩子，我都沒有回去看她，因為這幾天一直在加班，我們對公司的熱愛是非常深厚的。

負責人聽了覺得特別自豪。但這時這位副總裁忍不住了，他說了一句，「這是不對的，在這種情況下，家人是更重要的，他們才是你真正的家人，公司永遠不可能是你的家」。

為什麼這位副總裁會說出這句話呢？因為公司和家的責任、權利與義務是非常不同的。父母對孩子有養育的責任，必須把孩子養大，父母沒有把孩子開除的權利，同時孩子對父母是無條件地付出，這是一種責任，也是一種義務。公司不是這樣，公司對員工有管理的責任，員工對公司有完成業績的責任，公司是有開除員工的權利的。

為什麼有些公司對員工說公司是家呢？因為它們希望員工對

公司無條件地付出，就像孩子對父母無條件地付出一樣，可是它們並沒有放棄把員工開除的權力，這是很不對等的關係。員工與公司只是合作的關係，公司是一個單獨的生命體。

記住，主管跟員工，第一不是家人，第二不是朋友。

公司或團隊是一個戰鬥單元。是戰鬥，就有戰鬥目標。大家是為了達成目標而集結的，一旦目標達成，可能就會解散。這個戰鬥單元會長期存在，但是戰鬥單元中的人會時常更換，有人會加入，有人會離開。在戰鬥中，大家會結下深厚的情誼，但這種情誼依然是戰鬥情誼。我們在這裡聚會，但我們不是家人關係，也不是對人不對事的朋友關係。

所以第一點，要清醒地認識到，主管和員工不是家人，也不是朋友，是為了達成目標聚在一起的，而不是為了交朋友聚在一起的。這是一個非常痛苦的認知，需要打碎再重建。

第二，在行動上，主管要和員工保持親而不密的關係。主管和員工的溝通可以非常多，但前提是不違背原則。

作為主管，你要讓員工明白，他能如魚得水，一定是因為承擔了更大的責任，而不是跟你有更近的關係。

什麼叫「親而不密」？主管對員工一定要認真地關心，比如關心他們的身心健康，關心他們的持續成長，但是不要保持那麼親密的關係，因為越親密的關係，越容易導致對人不對事。

如何做到「親而不密」呢？

首先，千萬不要拿員工的一針一線。

在一些公司，員工很喜歡給上司送東西，上司也覺得自己很受尊重，那就拿著。員工這次送了家鄉的大米；下次送了父母親手做的牛肉；過段時間又送了個空氣清淨機，說正好在打折，順便給您買了一個；再後來甚至送了新款 iPhone。一旦拿了員工的東西，主管就很難在責任上對員工嚴格要求──「拿人手短，吃人嘴軟」。有的員工送多了東西，覺得自己跟主管更親近，甚至會恃寵而驕，仗勢欺人，製造團隊分裂。

其次，日常交際時不要顯得關係過於親密。

在日本，主管和主管一起吃飯，員工和員工一起吃飯，不同級別的人，不在一起吃飯。這樣勢必會產生一些隔閡，但我們要理解這樣做的目的：上下級保持親而不密的關係。如果關係太親密了，如主管和員工下班一起喝酒，喝得酩酊大醉，第二天就很難要求他們勤奮工作；佈置任務的時候，員工也可能毫無顧忌地討價還價，畢竟你們是這麼親密的關係。

小結

從員工晉升到主管的關係躍升，本質上是從相交的圓變成包含的圓。你開始對他有權力，他開始對你有責任。

你們的關係，從基於「感情」的左右的夥伴，變成了基於「責權利」的上下的戰友。

作為團隊管理者，你要清醒地認識到，你和員工不是家人，也不是朋友。你們之間是戰鬥情誼，大家為了共同的戰鬥目標而相聚在一起。達成目標才是你們在一起的原因，要懂得從對人不對事轉向對事不對人。

做到親而不密，是很痛的躍升。只有完成了這個躍升，你才能成為真正的管理者。古人有句話，叫「慈不掌兵」。如果一個將軍看到觸犯軍規的部下即將受到懲罰，會於心不忍出手叫停，並且覺得任何一個將士的犧牲都是不能接受的，那麼他就不宜也無法帶兵打仗。這就相當於管理者對下屬寬容到不設紅線，並認為任何一個員工都是不可以裁掉的，這樣的話團隊就無法前行。你我是戰友關係，我們可以相互保護，但在必要的時候，你也可能對其揮淚一別。

學員感悟與案例

小光：從你被提拔到管理職位到大家認可你的管理，是存在時間差的。在這個時間視窗，不要一上來就啃硬骨頭，跟「反對派」對抗，對抗往往是磕不動的，因為你缺乏根基。你應該先好好工作、展現實力，爭取得到上級主管的肯定和下屬中中間派的擁護。

EdenWang：作為新任主管的我，有一次開會時與一個資深組員爭執得面紅耳赤，誰都說服不了對方。那時我忽然意識到，其實我們的方案都有合理的地方，但是礙於面子誰都不願意退讓。於是，後來我在需要做重要決策的會議前，都會先私下跟組員溝通，瞭解每個人的想法和訴求，再做一些協調工作，確保跟每個組員都能基本達成一致後，再開會把事情敲定下來。這樣一來，激烈的爭執就不會發生了。

關關：我的主管經常講一句話，「小善如大惡，大善似無情」。人的惰性很強，很多人需要督促，需要被人要求。上司不講情面，按照要求該批評就批評，該嚴厲就嚴厲，堅定地對團隊目標負責，看似心硬、心狠，其實這才是真正為所有人好。

黃安琪：升任主管後，我跟兩位原先的朋友、現在的下屬約了個下午茶聊天，明確了三點：1.指出目前他們工作中有哪些方面是需要改善的，不然會阻礙他們的進步和成長；2.表明了我的立場，工作之外我們是朋友，但是工作中的共識要不打折扣地執行到位，對任何打感情牌的行為零容忍；3.如果不能接受，可以申請換部門，免得影響朋友之間的感情。

自我躍升：從小我的滿足到大我的成就

從員工晉升到主管的第四個躍升，是「自我躍升」。

你和老闆討論一個問題。本來聊得好好的，但當你提出了一個不同觀點時，老闆突然間臉色變得很難看。他本來是非常友善的人，有時還會跟下屬開點小玩笑，這時卻想盡一切辦法來壓制你，說你不知道全貌，同時想方設法來證明自己是對的。

你覺得很奇怪：老闆怎麼變得這麼固執，是你的觀點錯得離譜嗎？

不是，你的觀點可能是有道理的，甚至老闆可能也是同意的。但他不會表現出自己是同意的，因為他沒有辦法在下屬面前承認自己是錯的。

我把這種現象稱為「瞬間頑固症」。證明他是對的，比證明這件事本身是對還是錯更重要。

有的時候我們不是為了贏得勝利，而是為了贏得辯論。為什麼會這樣？因為他心中的自我（ego）邊界太小，能量太強。其實，這個問題你身上也有。

把自我的邊界擴大

什麼是自我？

獵豹移動（原金山網路）CEO 傅盛對「自我」的看法我比較認同，他認為，「自我」是非常感情化的東西，它會在人的內

心建立起一種心理防禦機制。因為你不喜歡犯錯誤的感覺，你的本能就總想強行辯駁，別人一批評，你就怒了；因為你害怕面對複雜的東西，你就本能地希望把問題簡單化。你的出發點不是為了面對現實，而是充滿了「我我我」──這就是自我的障礙。

孩子一開始沒有自我的概念，他以為自己與世界是共生的，媽媽也是自己的一部分，因此媽媽一離開他就覺得難受，想哭。照了鏡子後，孩子初步有了自我的概念。等到長大後，獨立了，自我就更明確了。我的，你的，分得很清楚。做了父母之後，自我的邊界會擴大，孩子變成了自我的延伸。

你的同事做得比你好，你會有點嫉妒，因為同事在你的自我邊界之外。但是你的孩子做得比你好，你會嫉妒嗎？不會的。你甚至會因為孩子做得比自己好而更加高興，因為孩子進入了你的自我邊界內。他做得好，就是你的更大的自我做得好。

一個人的成長，就是從沒有自我邊界到形成自我邊界，再到延展自我邊界的過程。自我邊界越大的人，越能做大事。

一個人剛步入職場時，還很年輕，也沒有接受過訓練，他的自我邊界會很小，局限在狹小的個人範圍之內。

自我的邊界很小，能量卻很強大，為什麼？因為一個人一旦自我認知不協調，就容易產生心理創傷，所以他必須有能量很強大的自我，來保護自己不受傷。當你是員工的時候，有較小的自我是可以的。但是從員工晉升到主管後，這就有問題了，你會不斷面臨關於自我的挑戰，可能會產生三種重要的害怕：

▶ 怕自己被證明是錯的。
▶ 怕下屬的能力超過自己。
▶ 怕下屬的影響力超過自己。

為什麼會這麼害怕？因為你心中的自我，渴望安全感、歸屬感、成就感和自我實現。一旦下屬證明了你是錯的，他超過了你，或者他的影響力大於你，你的自我的這些需求就不可能得到滿足。

所以，如果從員工晉升成為主管後，你的自我還局限在自己一個人的範圍內，我們稱之為「小我」，你就很難面對和處理好與員工的關係。這個時候，你必須經歷一次重大的躍升。你要把自我的邊界擴大，擴大到可以將整個團隊包含進來。你必須超越「個人主義」，具備「集體主義」精神。這是一次非常難的，但是極其重要的躍升（見圖 1-5）。

牴觸情緒的源頭

關於自我躍升，我和大家講一個我在得到 APP 寫《商業洞察力 30 講》課程講稿的故事。

當時我已經在得到 APP 完成了兩季《5分鐘商學院》共 600 多講的內容寫作。從篇數上來看，20 倍於《商業洞察力 30 講》，應該說是經驗豐富的寫作者了。

```
                個人主義
                   |
   ┌─────────────────────────┐
   │   ○    ⚖    👤? ← 怕自己被證明是錯的
   │  沒有  形成  擴大    ← 怕下屬的能力超過自己
   │  邊界  邊界  邊界    ← 怕下屬的影響力超過自己
   └─────────────────────────┘
                   |
                集體主義
```

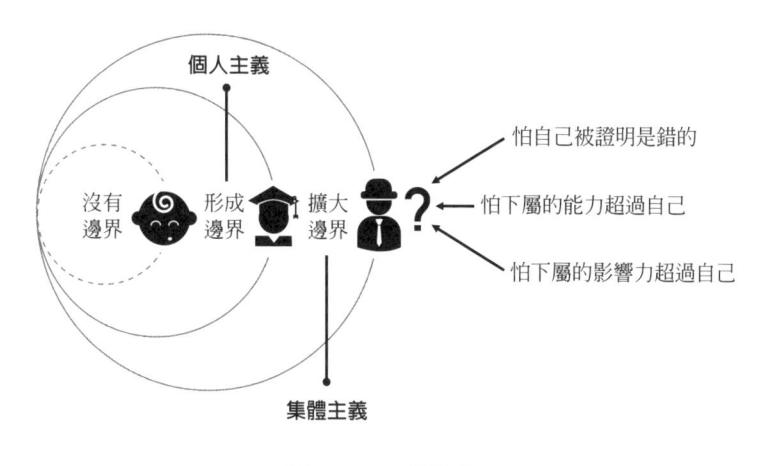

圖 1-5　自我躍升

而且，我對自己的文字，要求非常高。我在案例、起承轉合、情緒、長短句搭配、標點符號、分段、層層推進，甚至在用「推」還是用「敲」上都花了大心思。所以，我寫東西非常慢。寫完之後再刪，刪完之後再改。最後，我把 4000 多字的初稿精煉成了 2000 多字的文章，交給了編輯。然後，得到的編輯團隊給了我回饋：「這篇文章太棒了，非常完美，但如果一定要在雞蛋裡挑骨頭的話，如下 99 點，請修改⋯⋯」

如果是在 30 歲之前，我可能立刻就怒了：你看懂我埋設的伏筆了嗎？你明白我這樣措辭的情緒拿捏嗎？你知道我從 5 條邏輯線中艱難取捨，最終選擇這 1 條的 30 個原因嗎？30 歲之前的我會回覆：「請不要動我的文字。」

可是，我這麼回覆，真的是因為覺得我的表達是完美的嗎？

其實不是。至少不完全是。30 歲之前的我會帶著情緒這麼回覆，現在想來，那是因為心中的「自我」受到了挑戰。我不能接受別人說我錯了，更不能接受自己認為自己錯了。對於我花了那麼多時間寫的東西，還被認為是錯的，我更是無法接受。這是在懷疑我的智商，懷疑我的能力。你是誰？你憑什麼懷疑？

但是，現在的我真的完完全全不會有這樣的情緒。我似乎可以飄在空中，看著一個叫「劉潤」的人在讀編輯的建議。空中的我完全沒有情緒。劉潤在我心中是「他」，而不是「我」。我會心平氣和地理解編輯的建議，推測提建議時他們的思考路徑，想像他們在會議室裡討論時熱火朝天的場景，甚至會忍不住笑出來。

然後，作為旁觀者，我告訴「劉潤」：這些建議中，有些是非常有道理的，可以立刻改；有些只是編輯的個人習慣，不改可以，改了也可以。「劉潤」問：那改不改？我會微笑著告訴「劉潤」：改吧，改吧。儘管改不改都可以，只是習慣問題，但是你改了，就能激勵編輯，讓他覺得自己的建議有價值、被接納了。雖然你花了更多的時間，但是你會收到更多的好建議，從而把課程變得更好。

從 2018 年 10 月到 2019 年 5 月，非常勤奮的我利用一切不出差的時間硬逼自己，花了七八個月，把 30 節課程寫了 5 遍。比《5 分鐘商學院》150 節課花的時間（半年）還長。最後我翻看「劉潤」的文字，第 5 版與第 1 版確實有天壤之別。我的同事

們幫我整理公眾號文章時，我也有這樣的感受。同事們整理的文字，最後可能要經過修改才能發布。

有的同事立刻就不做了，情緒很大；有的小夥伴冷靜地闡述為什麼不能改，然後靜靜地改回去。這些「不願改」的背後，當然有自己的道理，但其實很多僅僅是因為「自我」的情緒：改我的文字，觸犯到了我心中的那個「自我」。

分享這些感悟給你，希望能幫助到你。因為這種「不住在自己心裡」，我不是「我」而是「他」，心中沒有自己、只有目標的狀態，是很難修煉的。這也是為什麼古人說「60而耳順」。

為什麼到 60 歲才能耳順？因為你需要先花 20 年建立「自我」，再花 40 年戰勝「自我」。

祝願大家都能早日戰勝自我，「旁觀自己」，不用等到 60 歲才耳順。

關注全局效率

怎麼擴大自我的邊界，完成這個最難的躍升呢？

主管要懂得關注全局效率，把關注點放在更大的格局上（見圖 1-6）。

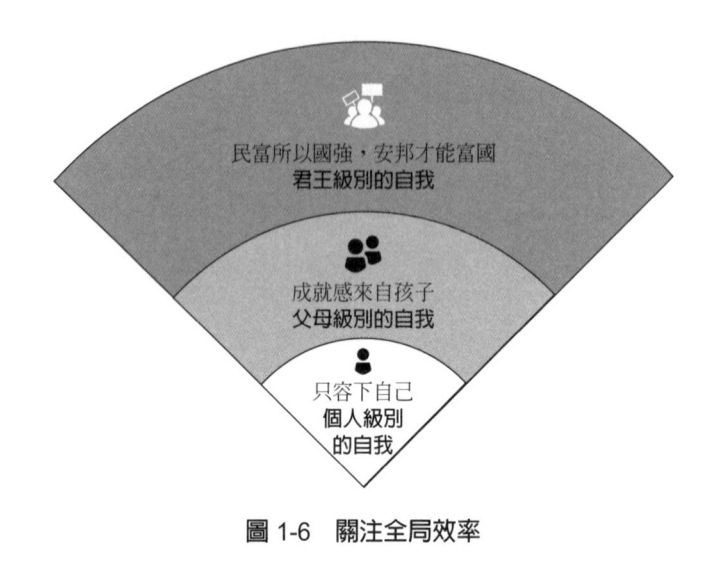

民富所以國強，安邦才能富國
君王級別的自我

成就感來自孩子
父母級別的自我

只容下自己
個人級別的自我

圖 1-6　關注全局效率

第一步，從個人級別的自我，走向父母級別的自我。

你把那些員工當成自己的孩子，你看著他們成長，希望他們超過自己。父母的成就感來自孩子的成就，所以主管要訓練自己具有父母的心態，別怕教會徒弟餓死師傅，同時要用望子成龍的心態去對待下屬。

第二步，從父母級別的自我，走向君王級別的自我。

君王心態是民富所以國強，安邦才能富國。有一天，當你從一個職業主管人、一個團隊管理者變成一個真正的企業家的時候，就需要這種君王心態。

不論是父母心態還是君王心態，作為主管，你都是站在團隊所有人背後的那個人。

我們常說「家國天下」，從「個人」走向「父母」，就變成了齊家的胸懷；從「父母」走向「君王」，就變成了治國平天下的胸懷。一個人的格局、胸懷、氣度，指的就是這個人的自我包含了多少東西。如果一個人的自我能將整個國家、整個地球甚至整個宇宙都包含進去，那麼他的格局、胸懷、氣度就都會達到一個全新的高度。

主管要靠團隊的成功來獲得成功，這就至少要走出第一步，把自我的邊界往外擴一層，把下屬全都劃進來。放大自我並不意味著犧牲自己，下屬的成功就是你的成功，他們的快樂就是你的快樂。這時你才是真正能成大事的人，你才為將來成長為 CEO 做了更好的準備。

小結

自我是非常感情化的東西，它會使你建立一種很強的心理防禦機制。

很多員工晉升為主管後，遇到的一個重要問題是，他們心中的自我是「小我」，就像一顆松子，外殼很硬又很小，只容得下自己。「海不擇細流，故能成其大」，成為主管之後，你必須成為更大的容器，能包容所有的下屬，否則你無法做到關注全局效率。

怎麼提升自我？找兩個榜樣，父母和君王。主管要向他們學習，從追求「小我」的滿足，變成追求「大我」——團隊和企業的成就，這樣才能擁有更廣闊的一片天。

學員感悟與案例

郭瓊：雖然我沒有面臨比我強的下屬帶來的直接壓力，但是在給老闆彙報工作時，我會提及自己的功勞；討論到某個員工的成長時，我會向老闆描述他原來如何，我教了他什麼，然後他得到了提升；有時和下屬溝通，我也不忘描述能證明自己厲害或成功的案例，並美其名曰「分享」；有時下屬和老闆直接溝

通，我會感到非常氣憤甚至恐慌。我之所以會拚命地向老闆或其他人證明自己，還是源於「怕」，我所有的關注點其實還是這個「小我」。「小我」渴望安全感、成就感、歸屬感和自我實現。但只有突破「小我」的邊界，成長為「大我」，才能打破這個怪圈，擁有更加廣闊的天地。

習習：有些主管擔心下屬的能力超過自己，但我真心希望能有這樣的員工，我想和厲害的人一起共事。我的團隊中有一名年輕人資質甚好，他的執行力強，一點就通，所以我會經常和他一起討論關於計畫和策略的問題。在年度大會的時候，他的工作總結得到了大老闆的高度認可。我在欣慰的同時得到的回饋是：曾老師（指習習自己）帶人有一套。其實這樣的成就感更強。

陳長安：關於君王心態，君王一方面期待民富國強，另一方面很注意防範功高震主。我很擔心下屬的影響力超過我，主要顯現在兩個方面：一方面，擔心上層主管認為我是容易被替代的；另一方面，擔心出現拉幫結派集體造反的情況。我的解決措施是：1.持續努力提高自己的專業性，以便更加服眾；2.注重資訊通道的管理，嚴控越級彙報行為；3.扶持其他成員，稀釋個別人的影響力。

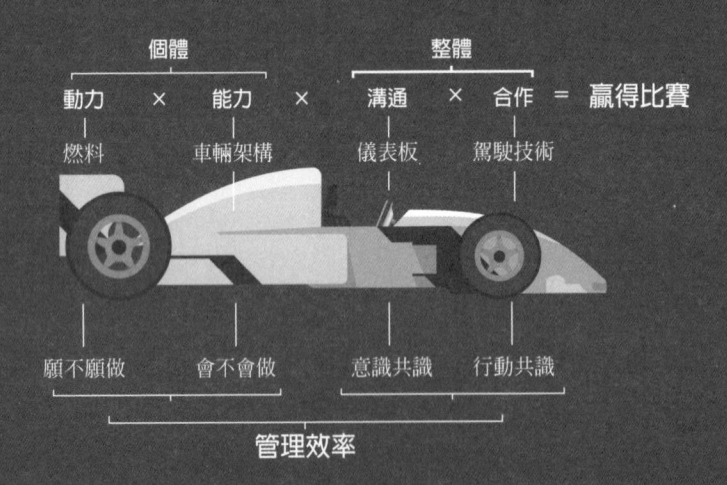

PART2
動力

```
         個體              整體
    動力 × 能力    ×   溝通 × 合作   = 贏得比賽
    燃料   車輛架構      儀表板  駕駛技術


   願不願做  會不會做    意識共識  行動共識
        管理效率

        突破自然效率
```

員工不努力，是因為他的發動機沒被點燃
員工往往不能自燃
人心動力系統

憤怒與恐懼：不要死於聽天由命和漫不經心
製造危機感，利用憤怒感
四種辦法

尋賞：把胡蘿蔔掛在結果上，而不是你手上
成為「明君」是妄想
做事之前共同定規則

愛好：合格的主管可以管「80後」，優秀的主管可以管「90後」
愛好是自己給的精神獎勵
愛好的三個源頭活水

責任：這是我自己的事，不是別人的事
把任務當成自己的事
自我責任感、團隊責任感和客戶責任感

意義：理解意義的意義
意義能超越生存、繁衍和死亡
意義管理三部曲

第 1 章，我們講了帶領團隊突破自然效率的四個「心法」：責任躍升、溝通躍升、關係躍升和自我躍升。

從第 2 章開始，我們講突破自然效率的四個「劍法」：動力、能力、溝通和合作。

動力和能力是提升團隊個人效率的關鍵，溝通和合作是提高團隊整體效率的關鍵。

心法，是要不斷「修」的；劍法，是要不斷「練」的。那我們從哪裡開始「練」呢？

就先從「動力」開始吧，因為動力是一切行動發生的前提。

如果你作為一個優秀員工，被提拔成了主管，那麼祝賀你。作為優秀員工，很可能你是自帶動力的，也就是所謂的「自我驅動」。但是，自我驅動的人可能反而從來沒有審視過自己的「動力系統」。因為你會覺得，這不是應該的嗎？這不是理所當然的嗎？

不是每個人都是「自我驅動」的。很快，你可能就會發現，你的團隊裡有些員工總是用「這樣已經很好了吧」、「我已經盡力了，你還要我怎麼樣」、「給我多少錢，我辦多少事」、「我做不到，你們誰做得到誰做」的心態，來對待工作。

之所以會有這類心態，是因為他們做事缺乏「動力」。你嚴一點，他們就多做一點；你鬆一點，他們就少做一點。

可是，如果你的員工沒有動力，只有你可以「自我驅動」，那就相當於一個車頭要帶動所有車廂。車廂數量越多，你就帶得

越吃力。

那怎麼辦？

身處「高鐵」時代的你必須與時俱進，把整個列車變成動車組，也就是使每一個車廂都自帶動力。這樣，你的團隊才有戰鬥力。

可是，如何做到呢？

員工不努力，是因為他的發動機沒被點燃

2001年，一個剛升職的年輕主管遇到了巨大的困擾：為什麼我手下的員工和我不一樣？

這個主管是個工作狂，「996[6]」是家常便飯。他甚至曾經連續工作55小時沒有闔眼。那一次，他工作了一白天之後繼續加班，因為有一個重大問題要連夜處理，但是到第二天早上還沒有處理完，怎麼辦呢？交代給別人做也很麻煩，乾脆自己接著做，於是他又做了一個白天，還沒做完，晚上又接著加班。到第三天，問題終於解決了，本來他想回去睡覺，結果發現睡不著，於是又做了一個白天。三個白天和兩個黑夜，他就是這樣拚命做事的。他覺得這是應該的：面對問題，我不站出來誰站出來？！

但他發現，他手下的員工和他不一樣。

6　意指「早上9點上班，晚上9點下班，每周工作6天」的工作時間制度。——編者注

比如小麗，早上到公司後，她先去倒水，然後把花侍弄好，接下來看看明星八卦，總共花了半個多小時；中午，在悠哉悠哉地吃完飯之後，是散步環節，散步回來之後還要喝杯優酪乳，午休時間長達兩小時；下午，她約了同事到咖啡間倒杯水，倒水時嘰嘰喳喳聊天，又浪費將近半小時。

這個主管甚至神經質似的關注到，小王老往廁所跑，一天去了七八次。

主管內心很抓狂：這幫傢伙怎麼這麼不努力工作啊！有事叫不動，成天磨洋工！怎麼辦？怎麼辦？怎麼辦？

我站在穿越的時空中，俯視這個困惑的年輕人 —— 他就是二十多年前的劉潤，二十多年前的我自己。

升職前，我只要自己努力就好了，才不會去管別人的事呢。可當「別人」變成了我手下的員工，我就突然發現，「別人」和我的努力程度並不相同。他們為什麼不努力？難道不想人生有點意義嗎？他們不想從工作中獲得成就感嗎？他們不想升職加薪嗎？

怎樣才能讓他們努力工作呢？

漲薪水嗎？公司憑什麼為你的管理無能買單，給員工無故漲薪水呢？

找老闆投訴？是怕老闆還不夠煩嗎？這種事都找他，要你何用？

不論是唱紅臉漲薪水，還是唱白臉去告狀，都是病急亂投

醫。

那怎麼辦？

現在讓你給二十多年前的劉潤出主意，你會給他提出什麼建議呢？

員工往往不能自燃

當時的我，請教了一位高級管理者，他說：「方法有很多，你可以從一件最簡單的事情做起，連續三天，買冰淇淋給大家吃。」

這有用嗎？還真有用。

當時的我釋放了善意，也獲得了大家的善意。三天後，大家似乎像冰淇淋一樣慢慢融化了。

為什麼？因為買冰淇淋這個行為，就像是往大家內心的發動機裡注入了「燃料」。

「龍生九子，各不相同」，每個人心中都有自己的發動機。有的是柴油發動機，有的是汽油發動機。但不管是什麼發動機，都需要往裡面注入充足的燃料，工作時才會有澎湃的動力。

有了動力，工作表現當然不一樣。

美國心理學之父、哈佛大學教授威廉・詹姆斯（William James）研究發現，被激發了動力的人，可以發揮出他能力的80%～90%。假設一個人的能力是 90 分，如果你不激勵他，他沒有動力，就只能發揮出 20% 的才能，只能貢獻 18 分的力量

（見圖 2-1）。

動力（20%）× 能力（90 分）= 貢獻（18 分）

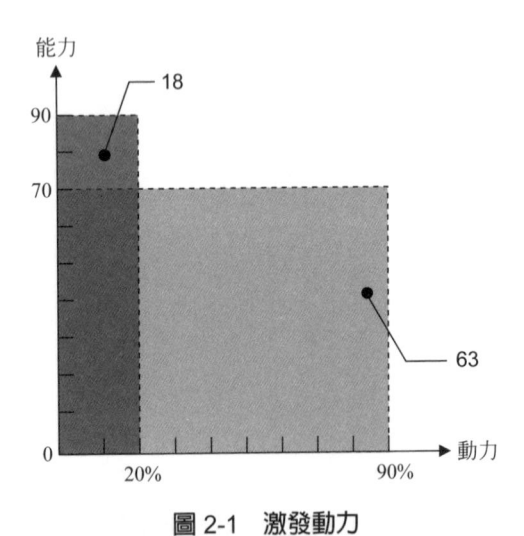

圖 2-1 激發動力

另一個人的能力差一些，只有 70 分，但如果你激勵他發揮出 90% 的才能，那麼他就能貢獻 63 分的力量。

動力（90%）× 能力（70 分）= 貢獻（63 分）

18 與 63，是天壤之別。

由此可見，激發員工動力這件事特別重要。「不會給員工畫大餅的主管，不是好主管」，這句「歪理」其實有一定的道理。

那怎麼激發員工的動力呢？漲薪水嗎？很難。

「薪水」所買到的，本質上是一個人的時間。在他的這些時間裡，薪水或許能夠買到他過往工作經驗裡所顯現的「能力」，卻不一定能買到他的熱情、他的投入、他的澎湃的「動力」。再高的薪水，他也可以 8 小時在公司，卻「出工不出活」。

那就不斷換人，直到換到有動力的為止？也很難。

因為「能坐著不站著，能躺著不坐著」是人的本性。你新招來的員工，可能還是沒有動力的，甚至在原來的團隊裡有動力，到你這裡後沒有了。

人的動力值不是恆定不變的，而是會根據周圍環境的變化而變化。

那怎麼辦？

彼得‧杜拉克（Peter Ferdinand Drucker）說，管理的本質是激發善意。你唯一的辦法，就是去激發員工，贏得他的全身心投入。不管他原來能發揮出其能力的 20% 或 30%，還是多少，都儘量激發到70% 或 80%，甚至 90%。

學會激發員工的動力，是躍升為管理者的必修課。為此，你首先要沉下心來，深刻理解員工心中，也是每個人心中的那套「動力系統」的結構。

人心動力系統

人心動力系統的結構有點複雜，但是理解它很重要。為了把

它講清楚，我畫了一張圖（見圖 2-2）。

發動機	燃料	方向	強度	持久性
防禦動力	恐懼	遠離危險奔跑	極強	極短
防禦動力	憤怒	面向敵人戰鬥	強	短
獲得動力	尋賞	利益所在方向	中等	中等
獲得動力	意義	內心堅定信仰	強	非常持久
結伴動力	責任	團隊前進方向	中等	持久
學習動力	愛好	專注所好之事	中等	持久

圖 2-2　人心動力系統

我解釋一下這張圖。

人心動力系統，包括四台發動機，即防禦動力、獲得動力、結伴動力和學習動力。

這四台發動機都能獨立運轉，為人的行為提供澎湃的動力。但是各自運轉時需要的燃料不同，所產生的動力的方向、強度和持久性也不相同。

什麼是動力的方向、強度和持久性？

動力的方向，就是你用力的方向。比如說劈柴，這斧子是砍向了木頭，還是下邊的樁子，或是直接甩出去了。強度，就是你所花力氣的大小，是輕輕地砍下去，還是拚盡全力地砍下去。持久性，就是砍一斧子就走，還是接著砍第二斧子、第三斧子、第

四斧子⋯⋯一直不停。

方向、強度和持久性，就是人心發動機的性能特徵。

為了獲得這些性能特徵，發動機需要燃料。而「情緒張力」，就是這四台發動機最好的燃料。當理想與現實、目標與結果之間存在差距時，人類就會產生各種情緒，以彌補差距。想彌補差距的情緒會產生張力，讓人由內而外地想去做一些事。這種由情緒引發的張力，就叫作「情緒張力」。情緒張力，是所有動力的最終來源。

是不是覺得有點複雜？沒事。這一整章的目的，就是把這套動力系統講清楚，並且帶你把它啟動起來。我們慢慢來。

我們先總體瞭解一下這四台發動機。

・「防禦動力」發動機

人作為一種動物，面對危險時有快速反應的本能。不能快速反應的物種，都已經被危險消滅了。作為倖存的物種，人有兩種情緒張力來面對危險：恐懼和憤怒。

你在走路，有人從後面重重地推了你一下，你摔倒在地上，頭磕破了。驚愕中你回頭一看，是弱不禁風的劉潤。這時，你會是什麼情緒？

你的情緒會從驚愕迅速轉為憤怒。你可能會罵道：「你有病啊！開玩笑？這種玩笑也能開嗎？」然後沖上前去戰鬥，把劉潤也推倒在地。

這種情緒張力，就是「憤怒」。憤怒驅使你用戰鬥的方式防禦。

但是，如果你一回頭，看到推倒你的是一隻老虎呢？你還會憤怒嗎？恐怕你早已顧不上憤怒了，而是趕緊跑。為什麼？因為恐懼。再不跑，就死在這裡了。

這種情緒張力就是「恐懼」。恐懼驅使你用逃跑的方式防禦。

這就是美國心理學家沃爾特・坎農（Walter Bradford Cannon）提出的著名的心理學概念「戰鬥或逃跑反應」。恐懼驅動逃跑，憤怒驅動戰鬥。恐懼和憤怒，都能激發人類的「防禦動力」。

防禦動力特別強大，因為它和生死有關。

很多管理手段的本質，都是在借助恐懼和憤怒的情緒張力來激發員工的防禦動力，從而使員工全身心投入到一件事中。

比如，恐懼。

轉正考核、末位淘汰等，本質上都是在製造「危險」環境，從而激發員工全心投入。萬一沒轉正，萬一被淘汰，房貸怎麼還，孩子怎麼養？你想想都害怕：不行，我還是要努力啊。恐懼帶來的防禦動力，強度極大（見圖 2-3）。恐懼之下，所有的潛力都能被發揮出來。面對死亡威脅，只有拚命奔跑。向哪裡跑？向遠離危險的方向奔跑。

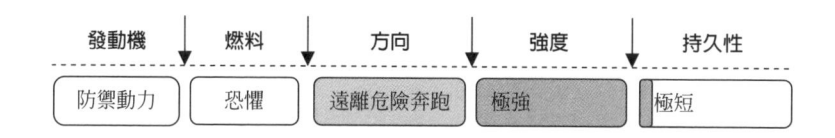

發動機	燃料	方向	強度	持久性
防禦動力	恐懼	遠離危險奔跑	極強	極短

圖 2-3　恐懼帶來防禦動力

但是，恐懼帶來的防禦動力要慎用。因為「拚命」的狀態，消耗太大了，不持久。一旦遠離危險，動力就會瞬間消失。你會看到一個員工處在試用期時不要命地工作，可一旦簽了轉正合同，危險消失，就會立刻放鬆下來，甚至可能會變成一根「新油條」。

再說憤怒。

你看過古代的戰爭片嗎？兩軍對壘，準備開戰。危急時刻，將軍會騎著馬，在士兵面前發表一場演講。

「同胞們，浴血奮戰吧！如果不殺光對面的這些敵人，他們就會搶走我們的土地，殺光我們的妻兒。我們寧願戰死，也要保家衛國！」

都要打仗了，為什麼還要演講？

為了把對死亡的恐懼轉化為對敵人的憤怒。

浴血奮戰，需要動力。而恐懼帶來的動力是奔跑，憤怒帶來的動力才是戰鬥。所以，為了獲得戰鬥的動力，必須激發「憤怒」的情緒張力。而激發憤怒的核心，就是樹立一個必須要戰勝也必然能戰勝的敵人。

在管理中，設立各種排行榜（數量排行榜、品質排行榜、業績排行榜，等等），本質上就是在製造這樣的「假想敵」。什麼？連他也排到我前面去了？這怎麼行？我是老員工了，他才來多久。不行，必須超過他。

憤怒所帶來的防禦動力，從強度看，它是強大的，「匹夫一怒，血濺五步；帝王一怒，伏屍百萬」；從方向看，它是面向敵人戰鬥的；從持久性來看，它的持久性比較短，戰鬥結束後就基本消退了（見圖 2-4）。

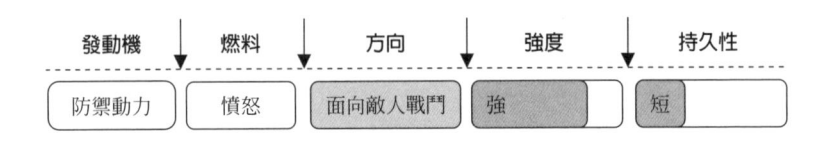

發動機	燃料	方向	強度	持久性
防禦動力	憤怒	面向敵人戰鬥	強	短

圖 2-4　憤怒帶來防禦動力

· 「獲得動力」發動機

獲得動力，就是去獲取，去控制，從而擁有更多的資源和尊重。獲得動力也包括兩種情緒張力：尋賞和意義。

先說尋賞。

「重賞之下，必有勇夫」。他本來不想做的，奈何你給得太多了，雖然難一點，但他還是做了。你要是給我我想要的東西，我就給你你想要的東西。大家最想要的東西是什麼？

對大多數人來說，尤其是對那些吃頓火鍋都要等到過節的員

工來說，激發尋賞動力的方法就兩個字——「給錢」。

你和這個需求級別的員工談夢想，很可能會遭到牴觸。網上流傳著一種說法，三四十歲的中年男人在職場上最容易被欺負，因為他們上有老下有小，一睜眼就是房貸和車貸，不敢輕易辭職。他們就是被「尋賞」這種情緒張力驅動的現實例子。

尋賞，是管理者最喜歡用的情緒張力。因為它簡單好用。大部分員工看在升職、加薪或表彰等獎賞的份上，都會完成自己的工作。但是，尋賞能讓人服從，卻未必能讓人心甘情願。所以，尋賞帶來的動力強度，屬於中等水準（見圖2-5）。

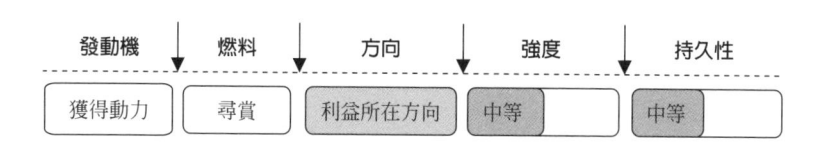

發動機	燃料	方向	強度	持久性
獲得動力	尋賞	利益所在方向	中等	中等

圖 2-5 尋賞帶來獲得動力

另外，尋賞帶來的獲得動力，其持久性雖然比憤怒和恐懼要長一些，但依然不是很長。一旦獲得了想獲得的東西，滿足了需求，這種動力就會消失，就會出現躺平甚至擺爛。比如華為就覺得，一些已經實現財富富足的老員工動力不足。

因為尋賞帶來的獲得動力，只會指向利益所在的方向。

再說意義。

意義就是從關注自我中跳出來，去做有利於更多人的事情。

藥物研發很艱難，但我們研發的藥能讓那麼多患者重獲健康，再艱難也不能放棄。日更很辛苦，但我們的公眾號能讓那麼多創業者用更低的門檻獲取商業知識，再辛苦也是值得的。

這就是意義。意義感能激發員工的熱忱，促使其超越自我。意義感這種情緒張力，能帶來更強、更持久的獲得動力（見圖2-6）。

意義帶來的獲得動力，會指向內心堅定的信仰。

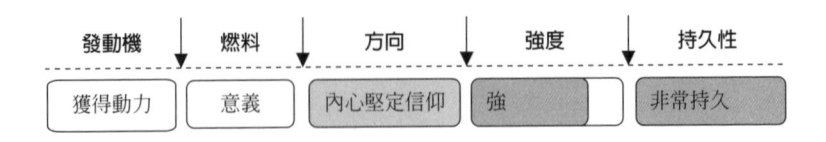

發動機	燃料	方向	強度	持久性
獲得動力	意義	內心堅定信仰	強	非常持久

圖 2-6　意義帶來獲得動力

・「結伴動力」發動機

它是指，員工基於對主管或團隊的認同感、歸屬感，而產生的對團隊的責任感。結伴動力能夠激發員工做出衷心的承諾。

結伴動力的背後是責任。

有一次我們開私董會（私人董事會）[7]，有一位企業家比較忙，想請假。但私董會只有大家都共同參與才會有貢獻和收穫，

---

[7] 會議中，由一位主持人帶領，請一位案主提出自己的困擾或所面臨的挑戰，其他參與者則是透過大量的提問，幫案主想清楚他真正的問題是什麼，之後一起協助他找出可能的解決方案。——編者注

因此我就打電話給那位企業家，請他過來。

如果我跟他說，你不來參加就要面臨罰款，這就是用「恐懼」啟動「防禦動力」。這時，他可能會說自願認罰，因為這點錢對他來說不重要，不會令他產生恐懼。如果我跟他說，你來的話有獎金，這就是用「尋賞」驅動「獲得動力」。這時，他可能會說留給別人吧，因為他也不需要這個獎賞。

我跟他說的是，如果你不來，大家的收穫就會減少，所以你的參與不僅僅關係到自己的獲得，更是對別人的責任。他聽後，立刻就從歐洲飛回來了，因為對大家的責任驅動了他：這麼多人的收穫有賴於我，按時參會這件事我要是做不到，他們怎麼辦呢？

這就是「責任」驅動的「結伴動力」。

對於有較強結伴動力的員工，更有效的激勵手段不是簡單的物質激勵，如發旅行津貼、發節日禮券，而是用友情、歸屬感來激勵。比如，組織大家一起去旅行、組織員工的親子活動，等等。

責任帶來的結伴動力（見圖 2-7），指向團隊共同前進的方向。

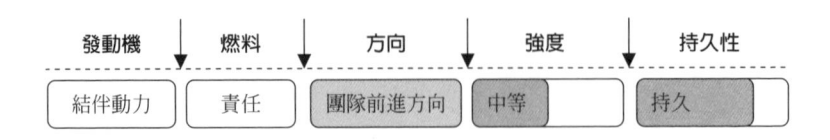

發動機	燃料	方向	強度	持久性
結伴動力	責任	團隊前進方向	中等	持久

圖 2-7　責任帶來結伴動力

- **「學習動力」發動機**

人天生是富有好奇心的。滿足自我的好奇心，不斷做新鮮的事、更有挑戰的事的這個過程，就叫作學習。

有人說，學習是違背人性的。不，學習是人的天性。男同學學習如何打遊戲的時候，反人性了嗎？女同學學習如何變美的時候，反人性了嗎？學習從來都不反人性。只有學習自己不感興趣的東西，才反人性。

學習動力的背後是愛好（見圖 2-8）。愛好一件事，就是因為做這件事有意思，能讓你從中得到樂趣，所以你就特別願意不斷地去做。

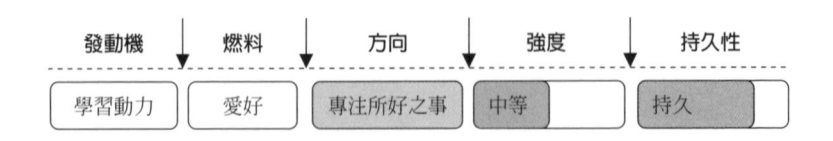

發動機	燃料	方向	強度	持久性
學習動力	愛好	專注所好之事	中等	持久

圖 2-8　愛好帶來學習動力

所以，激勵員工的一個重要方法，就是讓他做自己愛好的

事。

　　因為沒有熱愛，很多人熬不過不賺錢的艱難時日：很多頂級工程師從小沒日沒夜地設計程式，為「愛」癡狂，長大後一舉成名天下知，像Google、YouTube、臉書都出自這些技術能人之手；很多頂級作家，年輕時沒稿費要寫，沒人看也要寫，「走火入魔」一輩子，很多優秀的作品都是這樣寫出來的。

　　熱愛，能陪伴你熬過不賺錢的艱難歲月。

小結

一個自燃型的優秀員工升職為主管後，會發現手下的很多員工可能不如自己努力。主管在負重前行，員工卻雲淡風輕。怎麼辦？

這時，主管首先要全面認識員工的（其實也是所有人的）動力系統：

- 四種「發動機」，即防禦動力、獲得動力、結伴動力和學習動力。
- 六種「燃料」，即恐懼、憤怒、尋賞、意義、責任和愛好。
- 每一種動力都有不同的方向、強度和持久性。你可以在合適的時候「換檔」。

從員工晉升到主管，是一次關鍵的躍升。因為未來你要透過別人，而不是透過自己完成工作了。以前，你可能不需要理解「人」是怎麼回事，但現在你必須理解了。

理解「人」的第一步，就是把人的「動力系統」拆開，仔細看清楚裡邊的結構。然後針對不同的員工，用不同的方法去激發他們的動力，這樣團隊才能由一個火車頭帶動變成動車組聯動。

學員感悟與案例

大樹：與一個員工進行離職談話時我才知道，這個員工完全沒有經濟壓力，她的追求是工作少、離家近、方便照顧家庭，之所以出來工作，主要是因為不想成為家庭主婦。離職後，她去了她家附近的一個社區醫院工作，實現了自己的「夢想」。面試時我們只考慮了她的能力行不行，完全沒關注她的追求、她工作的動力。「你的夢想是什麼？」以前總覺得這是特別傻的一句話，現在面試的時候我也會「傻傻」地去問了。

薛曉剛：每當看到自己的下屬苦苦糾結於一項辦公技能而無法完成任務時，我就會忍不住走到他的座位旁，很快替他解決。

一兩次之後，我突然意識到自己的行為可能不但沒有幫到他，反而對他有壞處，使得他對別人的依賴更強。這時，最重要的是幫他找到學習的動力，透過學習讓自己不斷成長，學習到的技能能夠長久使用，可以增強職場競爭力。這樣調整之後，慢慢地我會發現情況起了變化，從下屬對主管的依賴轉變為主管對下屬的依賴，這是一種良性的循環，團隊的競爭力也因此越來越強。

陳長安：我現在每天早上 6 點起床，提前 2 個小時到達公司，是什麼在激勵我？

1. 恐懼：軟體行業技術日新月異，我擔心自己被淘汰。
2. 憤怒：競爭對手搶我的專案，挖我的人，我要更努力，讓團隊成員認可，讓對手服氣。
3. 尋賞：作為主管，比團隊中年齡相近的一般工程師每月多好幾千元的薪水，我得對得起這份多出來的錢。
4. 愛好：看著團隊成員在我的有效管理下有章法、有節奏地工作，感覺非常快樂。
5. 責任：我是團隊負責人，「兵熊熊一個，將熊熊一窩」，我要做個稱職的「將軍」。
6. 意義：我們團隊做的專案動輒影響幾千萬人的日常生活，我深感如臨深淵、如履薄冰。

憤怒與恐懼：不要死於聽天由命和漫不經心

先從憤怒和恐懼開始。

「5 分鐘商學院」有位同學分享過一件事：

我團隊中的一個小組，有段時間狀態不對。和其他小組相比，這個小組的工作節奏顯得很「佛系」。小組裡很少看到大家進行頭腦風暴，每次做專案，結果都是業績平平。我和組長交流後發現，組裡的同事覺得沒必要針對每件事都說出自己的看法，作為員工，他們只希望組長安排好工作，他們在規定時間裡完成就行了。

在準備給小組調換組長時，我意識到，與其調一名組長進去，不如把小組解散，將人員分配到其他小組裡，以此瓦解「做一天和尚，撞一天鐘」的心態。

我把決定告訴組長後，看得出來他有點失落。我說你和小組裡所有人說一下，等到你們負責的專案結束後，小組就解散。

請問：這位團隊負責人做得對不對？

有人可能會說：不對吧？這是嚇唬，這是威脅，這是製造焦慮和恐懼啊！

在我看來，他這麼做也許不是最好的方法，但是有道理的。

為什麼？因為好的管理者不能不懂如何激發員工的「防禦動力」：憤怒和恐懼（見圖 2-9）。只會使用激勵而不會使用憤怒和恐懼進行管理的主管，是老好人。而老好人在孔子看來是「德

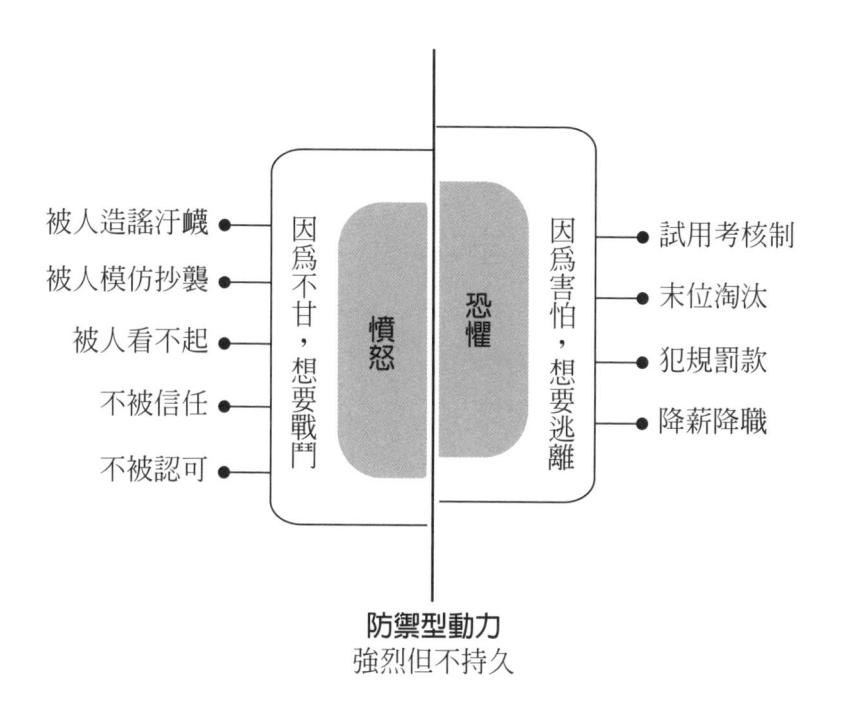

之賊也」，即道德的敗壞者。

憤怒	恐懼
被人造謠汙衊 被人模仿抄襲 被人看不起 不被信任 不被認可	試用考核制 末位淘汰 犯規罰款 降薪降職

因為不甘，想要戰鬥　　因為害怕，想要逃離

防禦型動力
強烈但不持久

圖 2-9　憤怒和恐懼

製造危機感，利用憤怒感

偉大的主管者，都懂得製造危機感（恐懼），利用憤怒感。

比如，任正非經常說，下一個倒下的會不會是華為？這是在給全體員工製造恐懼，也就是危機感。在新冠疫情期間，任正非說，要把寒意傳遞給每一個人。這也是在製造危機感。

我以前的老闆（的老闆的老闆的老闆的老闆）比爾‧蓋茲經常講，微軟離破產永遠只有 18 個月。為什麼這麼說呢？行業在飛速發展，世界在快速變化，我們再強大也不能覺得自己了不起，微軟也有可能像曾經的那些霸主一樣迅速倒閉，因此比爾‧蓋茲要給整個公司製造危機感。

諾基亞的 CEO 是從微軟過去的，上任之後就寫了一篇文章〈燃燒的平臺〉。他想告訴大家，我們現在坐的船馬上就要沉了，必須馬上跑，再不跑的話我們就會跟船一起下沉。他寫這封信的目的，也是製造危機感。

很多管理者都曾無語問蒼天：為什麼別人的員工如狼似虎，而我們的員工在頤養天年？

你可以反思一下，你是否已經激發出員工的危機感？過去讓員工恐懼的東西，如今是否不再令他們恐懼了？「無敵國外患者，國恒亡」、「生於憂患而死於安樂」。可見，給團隊製造危機感，是非常重要的方法論。

作為新任主管，我們要學會適度地給團隊製造一種危機感，避免團隊因為覺得自己處在極度安全的環境中，而忽視真實存在的問題，放棄應有的努力。

比如，讓員工意識到，我們團隊所在的部門並不是公司所有部門中最關鍵、最核心的部門，我們必須創造一種不可替代的價值，部門才不會被裁撤。如果部門被裁撤，我們所有人就會瞬間失業。

這就是給團隊製造危機感。

危機感（恐懼）這種情緒張力，其實很多公司都在用，只不過大家不太願意提罷了。大家更願意提正向激勵。多做正向激勵，當然是對的。同時，你也必須瞭解恐懼帶來的這種力量，並懂得如何運用這種力量。因為，很多重要的管理方法都基於這種力量，比如試用考核制、末位淘汰制，以及犯規罰款、降薪降職等懲罰機制。大家不願意講這些，總覺得會破壞自己在員工心中的良好形象；但如果不理解這些，你就會失去一把「不用拔出的利劍」。這些辦法你可以不常用，但必須會用。

除了恐懼，另一種會產生防禦動力的情緒張力，是憤怒。

在管理過程中，你可以給員工樹立假想敵，激發其憤怒的情緒。定期公布績效排行榜，是利用憤怒的典型方法，表揚錦旗也有類似的效果。它們都能激發人們去「戰鬥」。

這個假想敵，可以是別人，也可以是過去的自己。

比如，阿里的價值觀「新六脈神劍」[8]裡有一句話：今天最好的表現是明天最低的要求。這句話就是要求你永遠把過去「不夠好的自己」當作假想敵。

比如，網上有個流行的「傻帽指數」。就是說，如果你覺得一年前的自己是傻帽，就說明你進步了。這也是把過去「不夠

8　1）客戶第一，員工第二，股東第三；2）因為信任，所以簡單；3）唯一不變的是變化；4）今天最好的表現是明日最低的要求；5）此時此刻，非我莫屬；6）認真生活，快樂工作。——編者注

好的自己」當作假想敵。

所以，在員工和自己的心裡樹立一個假想敵，非常重要。

「不夠好的自己」是假想敵，最後期限（deadline）也是假想敵，員工可以與它作戰。比如說離專案提交只剩 3 天，大家趁週末再拚一下，這事我們必須做到。這就像老師提醒大家離高考只剩 100 天，學生們都會努力做最後的衝刺。

前些年有一部很火的戰爭電視劇，裡面有一句臺詞，大意是很多人死於聽天由命和漫不經心。

漫不經心是不恐懼，聽天由命是不憤怒。

團隊想要生存，想要發展，就要激發出人們的恐懼和憤怒，那具體該怎麼激發呢？

四種辦法

激發員工的恐懼和憤怒，有四種比較形象的辦法：一隻雞、一條魚、一個爐子和一個假想敵（見圖 2-10）。

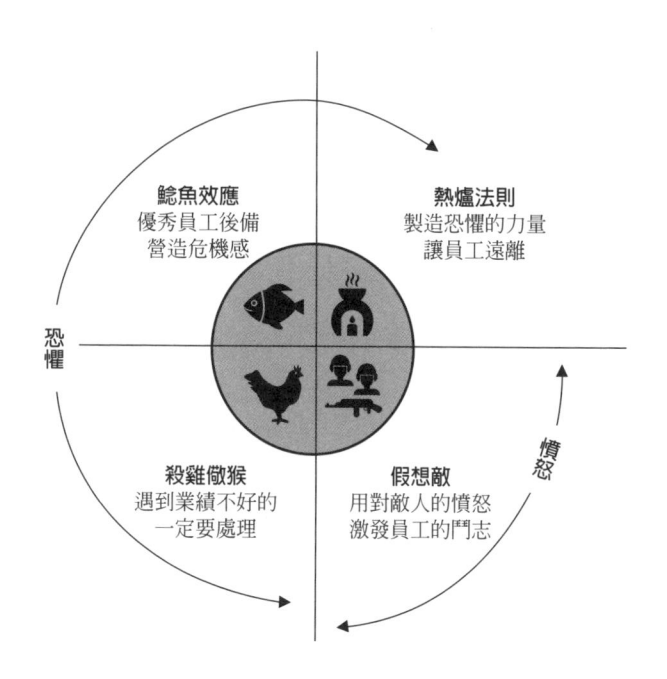

```
          熱爐法則
鯰魚效應     製造恐懼的力量
優秀員工後備   讓員工遠離
營造危機感

恐懼                憤怒

殺雞儆猴     假想敵
遇到業績不好的  用對敵人的憤怒
一定要處理    激發員工的鬥志
```

圖 2-10　激發恐懼和憤怒的四種辦法

一隻雞是指「殺雞儆猴」。

遇到業績不好的，一定要處理，要嘛進行降薪降職，要嘛換單位、淘汰。讓「南郭先生」不能混日子，是對業績好的人的尊重。對「南郭先生」的寬容，就是對努力做事者的殘忍。

一條魚是指「鯰魚效應」。

就像 NBA 有板凳球員一樣，團隊裡也要有優秀後備員工，這能給懈怠的老員工帶來危機感。

有位創業者和我分享過這麼一個案例。

他說：「我們學校有一個老教師，以前對參加培訓的態度很消極，教學考核經常不達標，還收到了很多學生家長的投訴。我告訴他，有一批年輕人要來我們學校試用，感覺好就留下。我故意把他們說得非常優秀，辦公座位也安排在這個老教師的身邊，其實這些年輕人就是剛畢業的實習生。我製造的危機感完全激發了這位老教師的潛能，他開始積極準備教案、參加培訓。那些實習生走了之後，危機感帶來的效果大幅度減弱，但是相較之前，他的表現還是好了很多。」

一個爐子是指「熱爐法則」。

意思就是，要善用恐懼讓員工遠離不好的事情。如果員工違背企業文化，主管應該批評他；如果員工違反規章制度，主管必須懲罰他，這是用人的底線。

「熱爐法則」由以下四個原則組成。

- 警告性原則：火紅色讓員工不用碰也知道爐子是熱的。主管要經常對下屬進行規章制度教育，提前警告。
- 一致性原則：每次碰到，都一定會被燙傷。主管說到做到，只要員工觸犯規章制度，就一定會受到規定的懲處。
- 即時性原則：一旦碰到，立即會被燙傷。懲處必須在錯誤行為發生後立即進行，不拖泥帶水，這樣才能讓員工及時改正錯誤行為，也可以避免同事有樣學樣。此外，在下屬犯錯之後，主管的訓導越迅速，下屬越容易將訓導與自己

的錯誤聯繫在一起，而不是將訓導與實施者聯繫在一起，覺得主管針對自己。
- 公平性原則：不管是誰，碰到它都會被燙傷。執行制度要一視同仁，倘若有一個員工沒有按照規定進行懲罰，以後主管在管理的時候就會留下話柄。

透過以上四個原則，強化制度的嚴肅性、權威性、強制性，堅持制度面前人人平等，是非常重要的管理方法。如果主管在執行制度的過程中留「暗門」、搞「例外」，再好的制度也會名存實亡，因為員工對制度喪失了敬畏之心。

如果說製造恐懼是使大家始終保持危機感，遠離懈怠、懶惰，那麼製造憤怒就是樹立假想敵，用對「敵人」的憤怒來激發員工的鬥志。

關於如何樹立假想敵，除了前面已經說過的排行榜、表揚錦旗、不夠好的自己和最後期限等方法，還可以向員工指明挑戰：行業對手將要搶走我們的榮譽和尊嚴。我們的產品雖然在市場上相對領先，但又有一家創業公司發展起來了，又有一個新產品的勢頭起來了，這些對手對我們構成了巨大的威脅，我們必須打敗他們。

回到本節最開始的案例，那個小組最後並沒有被解散。那位小組長在與主管談話後，對小組成員說：「公司想要解散我們組，將各位安排到其他組。大家想一下，你們被調入其他組後能

夠適應嗎？你們有把握可以快速融入其他組嗎？他們會歡迎你們嗎？我可以毫不客氣地說，一旦小組被解散，我們就進入了失業倒計時。我們組每個人都自認為沒問題，但今天我們必須深刻反省，公司解散我們組的原因究竟是什麼？」

失業這一可能的後果以及心中的不甘，使得該小組的表現發生了連主管都沒想到的顯著變化。

如今，這個小組的有些成員已經成為其他小組的負責人。

小結

憤怒和恐懼是人們面對危險時的兩種情緒，它們屬於防禦型動力。對「危機」的恐懼和對「敵人」的憤怒，能夠讓團隊凝聚起來做很多事情。

有經驗的主管，會懂得製造恐懼，利用憤怒。試用考核制、末位淘汰制，以及犯規罰款、降薪降職等懲罰機制，都能讓員工心生恐懼，打起精神來工作。激發員工的恐懼和憤怒，有四個比較形象的辦法：一隻雞、一條魚、一個爐子和一個假想敵。

被人造謠污衊、被人模仿抄襲、被人看不起、不被信任、不被認可等，都能促使員工「化悲憤為力量」。主管可以用排行榜、表揚錦旗、不夠好的自己、最後期限、向員工指明挑戰等方法樹立假想敵，用對「敵人」的憤怒來激發員工的

鬥志。

憤怒和恐懼的動力強勁但不持久，主管可以不常用，但一定要會用。

學員感悟與案例

陳長安：我曾給同事們製造過危機感：「我們這個大專案一定要努力做好。做好了，大家未來幾年都吃穿不愁；要是做不成，一方面肯定要裁員，另一方面留下的人也要給其他部門的專案打雜。做自己的買賣和幫別人做買賣，心情肯定不一樣，大家要努力啊！」經過多方面的努力，我們部門的專案業績十分出色，甚至贏得了其他部門同事的羨慕。

小光：今年我們和波士頓諮詢公司同時為一家公司提供服務，因此我有機會看到了波士頓諮詢公司的報告。一點也不誇張，我晚上在家一邊讀他們的報告，一邊哭。我哭是因為差距的確太大了，這種情緒很複雜，是一種恐懼、不甘、憤怒的混合體。我決定組織專案組的顧問們，強力拆解波士頓諮詢公司的報告。我向顧問們販賣焦慮：我們現在原創不出來也就算了，連看都看不懂，是不是就太水了？我透過讓他們清楚地看到自

己與別人的差距，激發出了他們拚搏的動力。一個追求卓越的人，看到自己的平庸、懶散，是必定會憤怒的。

周澤：公司的製造部門將原計劃一個月完成的樣機製造拖到了兩個半月。對此，我刻意製造了一種危機感，提前邀請了國外專家、外部科研機構人員以及內部高管來參與樣機評審。我把這個消息鄭重地提供給製造部門，說國外專家、外部科研機構人員的機票已經訂好，如果再不努力儘快完成樣機製造，那麼本次評審將會令公司以及整個項目組陷入一種非常尷尬窘迫的境地。結果是所有相關部門的危機感被激發出來，大家打起了120%的精神去完成評審準備工作，最後評審的結果超出了我的預期。

尋賞：把胡蘿蔔掛在結果上，而不是你手上

你的部門成功地完成了某個專案，然後老闆給了5000元獎金。如果你的部門總共5人，那麼你想怎麼分這5000元？

第一種分法是，這5000元全部用於集體旅行，大家一起大碗喝酒，大口吃肉，世界那麼大，一起去看看。但是，畢竟不是

每個人都想出去玩，有的人還有別的打算呢！

第二種分法是，5 人平分，每人 1000 元，這樣也挺好的，有活一起做，有錢大家分。

第三種分法是論功行賞，根據員工的功勞大小進行分配，比如你覺得其中 1 人的功勞比較大，發 2000 元，另外 3 人每人發 1000 元。

第四種辦法是把這 5000 元先留著，等到年底的時候根據績效考核情況，統一發放。你覺得該選哪種？

不論是第一種、第二種，還是第三種、第四種，其實都不完全對。

成為「明君」是妄想

關於獎賞，主管最容易犯的錯誤是：試圖成為「明君」。你根據自己的價值觀，臨時即興地為總體的業績進行獎賞，以為每個人都會感謝你，殊不知，這會導致部門處於賞罰不明的混亂狀態。

正確的做法，是在一開始大家就約定好分錢機制。不要把這個權力掌握在自己手裡，否則你怎麼分都是有問題的。

下面，我們來梳理一下背後的邏輯和方法。

「獎賞」權力的源頭，正是員工心中「尋賞」的情緒張力。

尋賞就好比你告訴部下，誰能取下敵軍將領的首級，賞黃金千兩，而「重賞之下，必有勇夫」。尋賞這種情緒張力在企業裡

是最常見的，你做到多少，就可以得到多少，從而去實現自己的夢想，比如買房子、辦婚禮、去旅行等。

華為喜歡招那些胸懷大志、身無分文的人，用阿里的話說，是喜歡招苦大仇深的人，為什麼？因為這些人心中的尋賞張力是最強的，他們特別需要錢。尋賞張力的缺點是持久性不夠，當這些人真的有錢了，往往就會喪失鬥志。如果他們真的喪失了鬥志，機構可能就會換掉他們，讓尋賞動力更強的年輕一代走上各級職位。「長江後浪推前浪，一代新人換舊人」，這是企業保持「狼性」的通常做法。

當你成為主管時，就掌握了一點獎賞的權力，這時一定要用好這份小小的權力，這是很重要的管理工具。等你成為一個企業家或總經理後，掌握的獎賞權力就大得多了，更要用好這一權力。所以，要從小事開始練起，比如前面提到的分好5000元獎金。

員工晉升為主管後，要學的第一件事，就是打消自己能做「明君」，足以聖心獨斷的想法，請務必「把權力關在籠子裡」。

首先，這是因為人們的決策能力是有限的。其次，我們掌握的資訊也不全。

你知道這個人很努力，你怎麼知道那個人就不努力呢？你收到了這個員工的客戶表揚信，你怎麼知道那個員工的客戶就不是非常滿意呢？這個員工和你說了對未來的規劃，很有見地，你怎

麼知道那個沒和你說的員工就沒有見地呢？

賞罰的關鍵，是分明。如果把獎賞的權力，集中到一個決策能力有限、資訊掌握得不全的主管身上，就很容易出現不分明不公平的現象。這反而會帶來「不患寡而患不均」的更多的管理問題。

所以，主管有了獎賞權力後，要遵循三個獎賞原則。

做事之前共同定規則

主管運用獎賞權力，要遵循三個原則（見圖 2-11）。

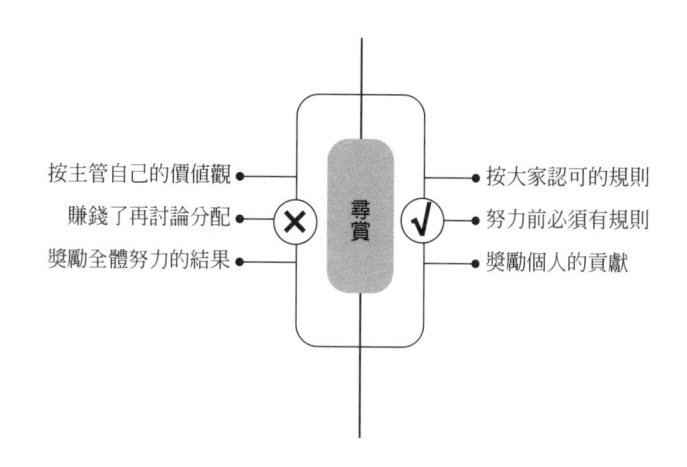

按主管自己的價值觀　✗　尋賞　✓　按大家認可的規則
賺錢了再討論分配　　　　　　　　努力前必須有規則
獎勵全體努力的結果　　　　　　　獎勵個人的貢獻

圖 2-11　三個獎賞原則

第一個原則是，獎賞這件事一定要根據大家認可的規則來，不能根據主管自己的價值觀來。

比如你拿到 5000 元獎金之後，突然發現有個員工的家人生了一場重病，你知道他要花很多錢給家人治病，經常為醫藥費和陪護發愁，但他仍堅持上班，工作一點都沒落下。你對他又欽佩又同情，就跟大家商量說，我們把這 5000 元都給他吧，因為他家挺不容易的。

這個決定是有很大問題的。因為你在試著根據自己的價值觀來分錢。聽上去合情合理，實際並不是所有人都會認同。

你是主管，一個月掙一兩萬元，可以不在意這點獎金，但員工不一樣，大家都要養孩子還房貸，日子過得緊巴巴的。大家都很同情他，但是你不能拿著屬於大家的錢去展現你一個人的慷慨。

魯迅先生曾經感慨：「人類的悲歡並不相通。」這時大家就產生了價值觀的衝突。

很多新上任的主管喜歡把自己當成一個「明君」，根據自己的道德觀和價值觀來決定錢怎麼分。這是不對的。在你這個「大聰明」的操作下，員工很可能覺得自己成了「大冤種」。

另外，主管依據自身價值觀做出的判斷是不穩定的：有時你覺得這個員工的家人生病，應該多拿一點；過段時間那個員工說，我家小孩上私立學校，一年學費就要好幾萬元，你覺得他也不容易，應該多拿一點。到底是家人治病更重要，還是小孩上學更重要？你很難有一個剛性的、一以貫之的判斷標準。

所以，正確的辦法是，把自己當「明君」的願望，或者把判

斷的權力關在籠子裡，根據大家認可的規則來獎賞。

那麼，大家會認可什麼規則呢？

大家都認可的規則，一定是事前就設定好的規則。

所以，第二個原則是，獎賞規則一定要在大家開始努力之前就必須建立。要先有規則再有錢，而不是先有錢再有規則。

舉個例子，公司在年初就說好，到年底如果賺了錢，就拿出10%來分。具體怎麼分呢？

銷售部門拿其中的40%、技術部門拿60%。然後，銷售員按照業績比例來分部門獎金；技術員按照代碼品質來分部門獎金。

大家對此可能會有爭執。但是，因為工作剛開始，大家離拿到獎賞還比較遠，所以討論會更理性。另外，大家可能會普遍認為年底有錢拿就不錯了，只要規則聽上去還算合理，就會表示認可。

這樣，每個人都會知道獎賞的規則，並會用這個規則指導自己一年的工作。你發獎金的目的也就達到了。

如果是年底賺錢了之後再討論分配獎金的規則呢？那就麻煩了。

銷售部門和技術部門都會覺得自己的貢獻最大。部門內部也會出現爭論，某個技術員覺得這個新產品的開發，他是第一功臣，其他人都是給他打下手的，至少一半的部門獎金應該歸他。

另外，因為沒有提前設定規則，這一年大家的努力方向並沒

有真正受到獎金的指引。獎賞的目的，是引導正確的行為，帶來想要的結果。如果沒有達到這個目的，那麼最後發的獎金本質上已經不是獎金了，而只是福利。

第三條原則是，我們要獎勵的一定不是大家共同努力得到的結果，而是要獎勵個人的努力所做出的貢獻。

就像改革開放前，農村人人吃「大鍋飯」，最後大家都吃不飽飯；實行家庭聯產承包責任制[9]之後，多勞多得，少勞少得，不勞不得，結果是極大地調動了人們的生產積極性，如今大家都過上了小康生活。

所以獎賞的規則應該是論功行賞，但不能人人有份，更不能人人均等，如5000元獎金每人發1000元。要做到大功大獎，小功小獎，無功不獎。

獎賞一定要跟每個員工的努力直接相關，比如說電商公司，哪怕年度總業績很好，但總是因為發快遞很慢而被客戶投訴的物流人員就不該拿獎金，甚至要扣錢。

反過來，若整個部門全年是虧損的，沒有達到公司的預期，因而沒有部門獎金，或者只有很少部門獎金，怎麼辦？如果經分析發現，主要是銷售人員導致的虧損，客服也有一定的責任，但是發貨發得特別好，既精準又快速，那麼就算公司虧錢、部門虧

---

[9] 是中國農村現行的一項基本經濟制度，於1980年代初期推行改革開放所施行的一項重要的農村經濟制度改革，其主要內容有「包產到戶」、「包幹到戶」，在土地所有權為國家所有的情況下，將經營權配到農戶手中。——編者注

錢,也要給負責物流的人發獎金,因為他的努力使得他負責的業務結果是比較好的。

實施第三個獎賞原則,還涉及考核指標的精準制定。我們來深入分析一下背後的邏輯。

公司裡每個人都在為整體的貢獻做努力,不管所從事的是行政、銷售、財務、法務工作,還是技術、人事工作。所有人的努力加在一起,才能帶來公司整體的成功。但是,有些人的努力是直接影響結果的,而有些人的努力是間接影響結果的。千萬不要讓間接影響結果的人,去承擔直接的目標。

比如,不能讓技術人員去扛銷售目標。為什麼?因為技術人員的努力不能直接改變銷售的結果。雖然技術人員的努力可以提高產品品質,並且產品品質提高了,肯定會影響銷售結果,但是,這種影響是間接的。你可以為技術人員設定與產品品質相關的考核指標,讓他直接對產品品質負責。但千萬不要繞彎子,讓他對銷售結果負責。

每個人都只能對自己直接能改變的結果負全責。所以,錢只能分給那些透過自己努力能夠改變結果的人。

這也叫「責任承包制」,管理者根據每個人的努力結果來賞和罰,要做到發貨人只對發貨的結果有責任,客服只對客服的結果有責任,技術只對產品的品質而不是銷量有責任。

只有當員工發現自己的努力能夠改善結果,並且只要有好的結果就能帶來獎賞的時候,每個人心中的尋賞張力才會被啟動,

人們才會為自己的職責而努力。

小結

我們探討了主管如何用獎賞的權力，來激勵員工尋賞的張力。

主管獲得權力後的第一件事，就是學會「把權力關在籠子裡」，不能妄想自己成為「明君」。

任正非說：「錢分好了，管理的一大半問題就解決了。」主管要記住三個獎賞原則：

第一，要按照大家認可的規則，而不是按照自己的價值觀來行使獎賞權力。

第二，獎賞規則一定要在大家努力之前就制定好。

第三，獎賞一定要跟每個個體的努力所做出的貢獻相關，而不是跟群體的結果相關。

掌握了這三個原則，你就摸到了獎賞的門道。

尋賞這個情緒張力，努力程度中等，方向指向利益，持久度中等，因為獎勵帶給人的邊際效用是遞減的。

學員感悟與案例

楊正：入職第一年的年底，大明問我有沒有拿到年終獎金，他說他們都有，至少是一個月的工資。然而，事實上我並沒有拿到年終獎金。直到第二年，老闆才發給我年終獎金。但令我失望的是，我和大明的年終獎金居然一樣多。我是店長，付出那麼多努力，讓店鋪業績翻了幾倍；而大明則只負責他個人的任務，而且一大半的時間並沒有用在店鋪上。當時，我覺得好傷心！

大樹：我是典型的豪放派，做事更偏感性，自認為我一心為大家好就是真的好。我想把團隊氛圍打造得輕鬆歡樂，每個月都召集大家聚會。靠公司的經費和我自掏腰包還不夠，我想的辦法就是把部門的一些創新獎勵和專案獎勵截留一部分，用於部門活動經費。我喜孜孜地以為大家應該都很滿意，我並沒有意識到這只是我自己的一廂情願，這樣做已經侵占了應該獨享獎勵的那部分人的利益。

愛好：合格的主管可以管「80後」，
優秀的主管可以管「90後」

你有沒有發現，到目前為止我們談的都是人性？因為人的動力只有內心才可以發出來。

學管理第一件要做的事情就是趴在地上學人性，而不是浮到空中指揮交通。學人性是學管理的基礎。人心動力系統的四台發動機分別是防禦動力、獲得動力、結伴動力、學習動力，背後又有六種情緒張力。前面三節我們分析了憤怒、恐懼和尋賞這三種情緒張力。恐懼讓人逃跑，憤怒讓人戰鬥，它們都屬於防禦動力，強大但短暫；尋賞則是獎賞越多，動力就越大，但獎賞帶來的邊際效用會遞減，動力也會隨之不斷衰減。這一節我們來瞭解「愛好」這種強大而持久的情緒張力。

你有沒有一種感覺，今天的「90後」非常難管？

舉個例子，你面試一個「90後」，問他喜歡這家公司嗎？他說很喜歡。再問他愛好這個工作嗎？他說非常愛。那太棒了，於是你就把他招進公司了。但當他工作做得不好，你說了他幾句，他就很沮喪。你覺得應該激勵一下他，說這件事做好了，就發獎金給他，結果你發現他面無表情，沒多少動力。最後，這件事他沒有做完，你就質問他為什麼沒做完。僅僅因為你臉色不好看，他就覺得你太「殘暴」了，立刻離職走人。

你覺得很苦惱，現在的「90後」怎麼這麼玻璃心，一說就

辭職，懲罰不行，給獎勵也沒用。軟硬都不吃，常規的管理手段失效了。你是不是覺得很困惑：「90後」這代人怎麼了，這麼不好管？

愛好是自己給的精神獎勵

「重賞之下，必有勇夫」，不好管是因為錢給得還不夠多嗎？不是。有相當多的「90後」也在乎錢，但是沒有「70後」「80後」那麼在乎。內卷[10]，似乎很難成為他們的人生選項。因為他們父母那一代是「60後」，「60後」很多人已經完成了財富積累，希望孩子「把生命『浪費』在美好的事物上」，所以，有不少「90後」開始為夢想而工作。

「90後」難管在哪裡？對很多「90後」來說，尋賞這種情緒張力不如「70後」「80後」那麼大，但很多管理者卻在拚命地做獎賞激勵，最終無法激發出這批「90後」員工的澎湃動力。

那怎麼辦呢？必須切換動力源，給「90後」員工這個職場「新物種」換一台新發動機——學習動力。這台發動機的核心燃料是「愛好」這種情緒張力。

在希臘神話中，熱愛和恐懼是兩種關鍵力量。我很喜歡一部電影，叫《超世紀封神榜》（Clash of the Titans）。因為這部電

---

10 形容某個領域中發生過度競爭，導致人們進入了互相傾軋、內耗的狀態。——編者注

影合理化了「神」存在的能量來源——人類的熱愛。人們熱愛神、信仰神、崇敬神，不斷地向神祈禱、祭拜，神從中獲得了巨大能量。相比於靠人們的恐懼活著的妖魔，靠人們的熱愛活著的神要強大得多。

我在埃及帶隊遊學時，有位組員是攝影發燒友，她一個女孩子扛著兩個很大的專業單反相機。我問她累不累，她說一點都不覺得累，因為這是她的樂趣。她接著說起我的《5分鐘商學院》線下大課，我一講就是 6 個小時，她看著都覺得累，要是她的話根本都不想上臺。她問我每年有近 200 天飛來飛去講課累不累，我說不覺得累，講課是我的愛好，講完課我還會跟大家合影，和 10 位學員一起吃晚餐，一直聊到晚上 10 點多，傳遞思想是我的樂趣所在。

愛好是一種強大的張力，別人不感興趣的事，你給錢他也未必想做。尋賞和愛好的差別是：尋賞是別人給的物質獎勵；愛好是自己給的精神獎勵，這種獎勵對沖了遇到的種種困難。愛好本身不產生動力，做愛好的事情，由此產生樂趣，進而分泌多巴胺、內啡肽，產生愉悅感，這才有了源源不斷的動力。

這裡重點介紹一下多巴胺的原理。中科院神經科學研究所高級研究員、博士生導師仇子龍告訴我，多巴胺是在一個人確定動機後，支持著他不斷攀登，享受過程，完成目標的化學物質。

舉個例子，一個創業者非常熱愛他的事業，想把公司做上市。這是他的明確動機，也是他的渴望，因此當他在追尋這個目

標時，腦中分泌的多巴胺是最多的。

創業的過程中會遇到很多困難，如沒有時間陪家人，為公司的各種事發愁，所以他在創業時是不開心的。但因為有分泌的多巴胺，會產生一種特殊的滿足感，他也會覺得創業的過程是享受的。一旦把公司做上市了，腦子裡的多巴胺也就沒了，目標達成後就需要重新找更高的目標。

多巴胺對我們很重要。因為它在我們有動機去做一些事情時，可以使我們享受這個過程。我們的人生需要不停地攀登，而多巴胺是支撐我們攀登的重要物質。

尋賞，是每個主管都要掌握的基本功。但是僅僅會利用尋賞張力的主管，只能算是合格的主管，算不上優秀的主管。懂得使用除金錢之外的激勵手段，能夠激發「90後」的熱情的主管，才是優秀的主管。「90後」已經成為職場生力軍，因此主管更要學會利用愛好張力。

愛好的三個源頭活水

尋賞是群體的基本訴求，但愛好是個性化的訴求，主管要明白每個員工愛好的是什麼。那麼，怎樣才能看明白每個員工內心的愛好，從而激發出他們的工作熱情呢？

愛好有三個源頭活水（見圖 2-12）。

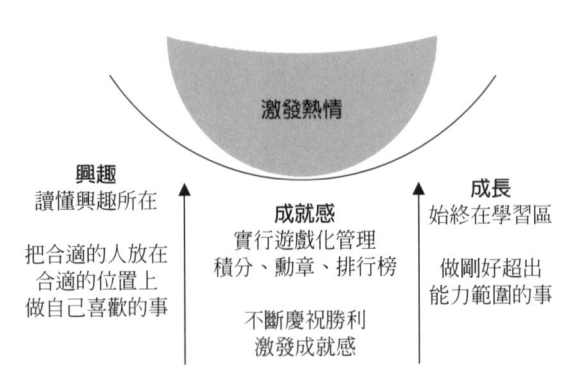

```
           激發熱情
    ┌─────────────────┐
     興趣              成長
  讀懂興趣所在    成就感    始終在學習區
              實行遊戲化管理
  把合適的人放在  積分、勳章、排行榜  做剛好超出
  合適的位置上                    能力範圍的事
  做自己喜歡的事  不斷慶祝勝利
              激發成就感
```

圖 2-12　愛好有三個源頭活水

・興趣

我在領教工坊有個私董會小組，2016 年就成立了。小組設了董祕（董事長祕書）職位，負責後勤，訂酒店、用車、會議室等方面的協調工作。有一位董祕 X，工作細緻，大家感覺挺好的，但也沒到讓人非常驚豔的程度。過了一段時間，她辭職了，我可以理解，董祕工作她做得不錯，但我也能感覺到她對此沒有很大的熱情。

2019 年我做潤米優選的時候，她和原來的同事一起來幫我。她負責的是設計，我當時大吃一驚，心想她不是做董祕工作的嗎，怎麼成設計師了？我將信將疑地看她做得怎麼樣。潤米優選第一次賣的是旅行箱，她的設計稿讓我覺得很驚豔，她對色彩、對排版、對文字的把握都非常到位，比我們公眾號的設計優秀太多了。負責潤米優選的同事跟我說，這個 X 同學最不喜歡

的事就是跟人打交道，所以讓她做行政後勤工作她其實挺痛苦的。設計是她一直以來的愛好，她就喜歡宅在家裡做設計，所以這次充分地展現了她多年積累的設計能力。

當時我非常感慨。當一個人做自己感興趣的事情時，他那種廢寢忘食地把事情做到極致的熱愛，眞的會讓你感歎，每個人都應該待在自己該待的地方。

那怎麼才能做到呢？

一種思路是主管多觀察員工，多和員工溝通。主管平時應該多觀察員工的興趣點在什麼地方，並經常跟員工聊一聊他喜歡做的事。如果員工喜歡開發，那就試著讓他寫代碼；如果他喜歡找問題，那就讓他負責找產品的 Bug（問題或缺陷）。

另一種思路是賦予員工根據自身興趣選擇工作的權利。如果你啓動了一個新專案，需要在公司內部調配人手，你可以宣布，新專案歡迎大家報名。自主報名進來的人，他的興趣和主動性會顯現出來。因此，要招募，而不是攤派或命令。

「千金難買我樂意」，主管對員工要有眞正發自內心的關懷和瞭解，讀懂每個員工的愛好，把合適的人放在合適的位置上，讓他們去做自己喜歡的事。

· **成就感**

有人說，工作發展到最後是分工，分工，再分工，很難讓每個人都正好做自己最感興趣的事情，「你有多大腳，我就有多大

鞋」，這往往很難實現。如果真的要做到，成本實在是太高了。所以很多人正在做的工作，其實並不是自己的興趣所在，那怎麼辦呢？

當工作和興趣不匹配時，人們還可以愛好成就感。不管一個人喜不喜歡正在做的事，如果這件事做成了，他也會充滿樂趣。這是人類進化出來的一種底層心理機制。

一個人的成就感來自對自己的贊許和認可。主管怎樣借助成就感來激勵大家呢？

首先，實行遊戲化管理。有三個具體方法：積分、勳章和排行榜。積分會激勵大家做出點滴的成就；勳章是表彰員工在某一方面的成績，讓他產生榮譽感；排行榜是激發大家的競爭心理——我憑什麼做得不如他好，我要做得更好一點。其次，要不斷地慶祝勝利。慶祝勝利本質上是激發大家的成就感，成就感會帶來樂趣，而為了獲得更多的成就感，我們還要做得更好。所以，主管要不斷地慶祝各種各樣的勝利。任何小事一旦做到之後，就要慶祝小勝利。比如說今天新簽了一個客戶，主管在微信群裡發紅包就是一種小小的慶祝，大家搶紅包的過程就是慶祝勝利的過程，雖然紅包不大，但大家都高興。

如果是大勝利，比如一個大專案結案了，該怎麼慶祝呢？雖然公司發了獎金，但主管也要帶大家去聚餐、唱歌或旅行，共同慶祝。只有不斷這麼做，才能夠強化員工對成就感的愛好。

· 成長

有的人會說,成就是集體的,我在其中貢獻不大怎麼辦?我對集體的成功沒那麼感興趣,怎麼辦?主管可以讓這個人始終處於學習區,幫助他獲得個人的成長。

什麼是處於學習區?當一個人做的是自己非常擅長的事情時,他處於「舒適區」,這時他是沒有成就感的。當他做的是自己完全不擅長的事情時,他處於「恐懼區」,心理上的嚴重不適可能會讓他崩潰。當他做的事在他擅長和不擅長之間時,他處在舒適區和恐懼區之間,也就是處在學習區,他會有一種攻克難關之後的成長的快樂(見圖 2-13)。

恐懼區 —— 做完全不擅常的事 非常恐懼

學習區 —— 做擅長和不擅長之間的事 攻克難關的快樂

挑戰性任務

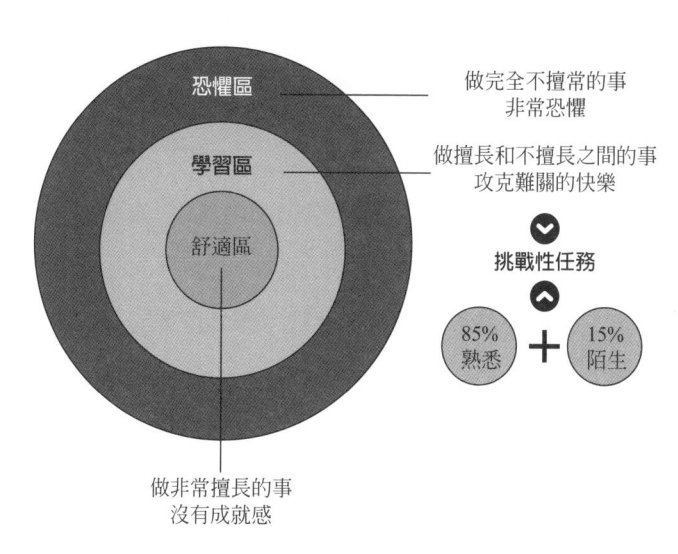

85% 熟悉 ＋ 15% 陌生

舒適區

做非常擅長的事 沒有成就感

圖 2-13　學習區原理

一個優秀的主管，不僅要懂得讓員工做自己愛好的事，更要懂得安排剛好超出他能力的事。這件事有點挑戰性，他會覺得有壓力，但努力一下，也能做得到。

始終處於學習區，會給員工持續帶來成長的快樂。萬維鋼老師介紹了來自學術界的研究成果，做超出能力範圍 15.87% 的事，能夠產生最高的效率。也就是說，挑戰性任務最好要有 85% 的熟悉度，15% 的陌生度，這樣才能夠達到最佳的成長效果。這個尺度的把握，需要主管不斷地摸索和總結。

小結

本節介紹了「學習動力」發動機，裡邊的燃料是「愛好」。因為「愛好」產生樂趣，樂趣分泌多巴胺，多巴胺讓人產生前進的動力。

有三種途徑可激發員工的「愛好」：興趣、成就感和成長。主管要學會讀懂員工的興趣所在；可以對「90 後」實行遊戲化管理，並不斷地慶祝勝利；還要讓員工始終處於學習區。

學員感悟與案例

陳小旭：我們學校的教學部主管是位資深老師，有很強的教研能力，我們就安排她專職做教研，但發現她的工作熱情下降得很快。她提出一定要去一線和孩子待在一起，她說工作忙一些沒有關係，和孩子待在一起就是她想做老師的初衷，如果違背了這個初衷，無論賺多少錢，工作多麼清閒，也是不會開心的。

小光：我發現負責做研究的 B 過於處在舒適區。對一名諮詢師而言，要想在職業生涯中取得突破，起碼的溝通、彙報、演講能力是必須具備的。我就安排了 B 與客戶進行一次小型彙報，剛開始她是非常牴觸和拒絕的，但彙報前我用了很多精力跟她一起打磨彙報內容，並不斷地鼓勵她。彙報當天，她發揮得不錯，客戶回饋也挺好。透過這次彙報，她體驗到了一定的成就感，找到了彙報的樂趣。就這樣，我逐漸把她培養成了全能型的諮詢師。

習習：有一次，我讓一個平時工作不認真的員工把培訓資料做成影音頻道，她居然在一天之內就把文字、配音、剪輯都做完了，並完成了交付。原來她是某明星的「鐵粉」，之前花過一個月的時間，把這位明星出道多年的各種影音頻道資料做匯

> 總,然後按照時間線重新編輯成為一個新短片。大部分 95 後年輕人因為熱愛都有自己的某種小手藝,關鍵是怎麼找到並加以利用,這需要主管發自真心地去瞭解他們。

責任:這是我自己的事,不是別人的事

一個下屬把方案做砸了,你非常惱火。這時候你該怎麼辦?

是對他說「這次做得不夠好,說明你還有很大的提升空間」,還是說「你這個豬腦子,這種錯你也能犯」?

建議都不要說。前者是壓抑著怒火的鼓勵,後者是情緒失控的批評,二者都不能解決問題,都不太好。

也許你可以對他說:最近你遇到什麼事了嗎?你一直是一個特別積極、特別為集體著想的人,但是在這件事上沒有表現出來,到底是哪裡出了問題呢?

這兩句話是很有魔力的。

為什麼?因為人有一種心理機制,叫作「認知協調」。

把任務當成自己的事

什麼叫認知協調?

它是人的一種心理機制，讓你的行為和你的認知始終保持一致。如果二者不一致，你就會難受。這種難受會促使你調整行為或者調整認知，最終實現協調。

比如，一個認為自己是好人的人，殺人了。好人，是他對自己的認知。殺人，是他的實際行為。好人怎麼會殺人呢？這就不協調了。所以，他的心理就會難受。一個人必須認識協調，不然會痛苦，甚至會崩潰。

怎麼協調？

他會找很多理由，來證明為什麼被害者該死。終於找到一點——他偷過東西，所以，殺他是為民除害。這下子，認知就協調了，渾身舒坦了。所以，你以為殺人犯會有罪惡感，每天晚上都自責得睡不好覺。其實未必，他可能早就已經認知協調了。

理解了認知協調這個心理機制之後，你就會明白，為什麼說前面那兩句話有魔力。

「你一直是一個特別積極、特別為集體著想的人」，這是認知。「但是在這件事上沒有表現出來」，這是行為。認知和行為不協調。

為什麼？你為他找到了原因：「最近你遇到了什麼事？」千萬不要撼動「我是一個負責任的人」這個認知。因為這是指導一切行為的前提。你要改變的，是他的行為。

怎麼改變？我們要共同找到那個協力廠商的、外在的敵人（遇到了什麼事？），然後解決它。行為就能糾正回來了。

有的主管會非常生氣地說：你怎麼做事這麼不負責任呢？

這句話說出去的時候，是非常爽的。但是，員工聽到後會非常喪氣，甚至會真的接受這個認知：我不負責任。那麼，做成那樣，當然就是正常的。以後，他做事可能就是這樣了，因為這樣才是認知協調的。

所以，主管的工作是把「我是一個負責的人」這個認知，牢牢地刻在員工的腦海中。這樣，員工才會用這個認知來指導行為。

然後，「責任」這種澎湃的燃料，就會啟動員工的第三台發動機——結伴動力，使員工為了和同伴一起做成事，而共同努力。

那怎麼建立「責任感」呢？

責任感建立在員工真心把任務視為自己的事的基礎上，它是無法強加的。主管對員工說，這是你的事，如果員工不接受，就沒法產生責任感。

那怎麼激發員工的責任感，把任務變成員工自己的事呢？

自我責任感、團隊責任感和客戶責任感

在職場中，員工要處理好與自我的關係、與團隊的關係、與客戶的關係，相應地，就會產生三種責任感（見圖2-14）。而主管要做的，就是幫助員工建立這三種責任感。

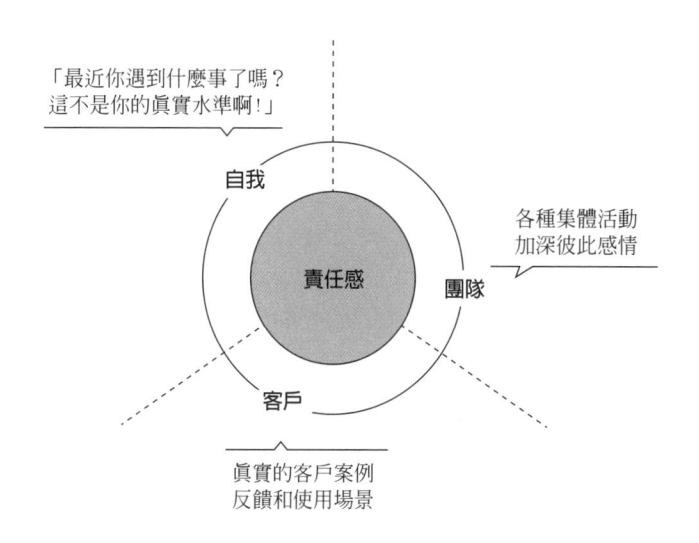

```
          「最近你遇到什麼事了嗎?
           這不是你的真實水準啊!」
                    ⋮
                  自我
                            各種集體活動
               ┌─────┐     加深彼此感情
               │責任感│ 團隊
               └─────┘
                  客戶
                    ⋮
                真實的客戶案例
                反饋和使用場景
```

圖 2-14 激發三種責任感

・幫助員工建立自我責任感

自尊自愛是人類的基本情感需求之一,人們對捍衛自己的尊嚴、榮譽和聲望是有責任心的。所以,主管的一個基本原則是,永遠不要去破壞員工的自尊。

一個人的自尊越強,自我責任感就越強,因為高自尊的人都很愛惜自己的羽毛。因此,主管千萬不要把員工的自尊踩到腳下,說你這個人怎麼一點本事都沒有,笨得跟豬一樣。

網上有一個流行詞,叫「PUA」(Pick-Up Artist,搭訕藝術家),本來是講,在戀愛場景裡,男生是如何「控制」女生的,後來被用於職場。它的核心意思是,先要摧毀對方的自

尊，把對方貶得一無是處。自尊被摧毀了，人的信念就失去了「錨」，四處飄蕩。這時，再表現出「只有我能救你」的姿態，對方就會依附過來，對你唯命是從。

所以，職場中你也會經常聽說「PUA」這個詞，其本質就是透過侮辱的方式，獲得控制權。

但是，你真的需要對員工的控制權嗎？

假如一個人一天要做100件事。你真的打算這100件事，都由你來控制員工去執行嗎？真這樣的話，如果你有10名員工，你一天就要處理1000件事情了，能處理得過來嗎？

所以，千萬不要「PUA」，不要摧毀員工的自尊。相反，你要幫助他們樹立自尊，這樣，他才能真正承擔起他應該「負責」的工作。你才會輕鬆。

就算員工做錯了一件事，主管也應該說：這事不像是你做的啊，這不像是對自己要求這麼高的人做的事啊？

尊重對方的高自尊，是批評的基礎。你首先肯定他是對自己有高要求的人，這樣他也會告訴自己：對啊，這不是我這樣的人該做的事啊，到底出了什麼問題？這樣你們就可以平心靜氣地討論問題，他才會改進，因為你很好地激發了他對自己名聲的責任感。

除了自尊自愛的心理，主管捍衛員工自尊的背後，還有另一個原理：人，或多或少都活在權威的期待裡。這就是所謂的皮格馬利翁效應（The Pygmalion Effect，又稱：畢馬龍效應）。所

以，交代完任務之後，主管可以表達自己對員工的期待：「我認為你完全具備這個能力，好好做，別讓我失望。」

・幫助員工建立團隊責任感

捍衛集體榮譽，是很典型的具有團隊責任感的表現。我經常跟員工說的一句話是，你的一言一行都代表著整個團隊，而不僅僅是你自己。

主管要幫助員工建立團隊感情。團隊感情越深，團隊責任感就越強。你看軍隊裡，戰友們情如手足，把彼此當成自己。

怎麼才能讓員工把彼此當成自己呢？

舉個例子。2009 年我第一次參加戈壁挑戰賽，深有感觸。戈壁挑戰賽為團隊賽，每個參賽團體都分成 A、B、C 三隊。其中 A 隊是競賽隊，參賽人數是 6～10 人，這些人都很厲害。但是，比賽比的不是這些人中的最好成績，而是以第六名的成績為全隊成績。所以，第一名、第二名跑得再快也沒用，最後一名跑得慢也沒關係。既然如此，那大家就得幫助第六名儘快到達終點。但大家事先並不知道誰會第六個到達終點，即使大家有比較確定的人選，他也可能突然受傷，所以最佳策略就是大家互相攙扶著前進，獲得團隊榮譽。當然 B、C 兩隊也需要按照要求完成比賽，參賽團體才能獲得最終的勝利。

用第六名的成績決出勝負，是非常好的加深團隊感情、訓練團隊責任感的辦法。

我們公司（潤米諮詢）有一個「月度感謝卡」活動。每個月，每位正式員工都能領到一張感謝卡，用來送給在這個月裡自己最想感謝的人。被感謝的人，可以得到一張200元的潤米優選購物卡。

「月度感謝卡」活動有幾個規則。

一是事件具體。你需要寫出你感謝這位原同事的具體原因。這樣，才能讓被感謝的人知道，原來自己隨手做的這件事，對別人這麼有幫助，從而產生榮譽感和自豪感，並持續做這些事情。

二是職責之外。你感謝的內容，不能是對方的本職工作。比如銷售人員完成了銷售業績，工程師寫好了代碼，財務人員準時做完了報銷。你感謝的內容，必須是對方在本職工作之外對你的幫助。比如教你如何查資料，帶你認識了業內大咖，給你的文章提了很多建議。我們有位同事，感謝另外一位同事，在她非常艱難的時候陪伴她、開解她，提供了很多情緒價值。這樣，才會鼓勵大家邁出多一步，去幫助別人。

三是不能向上。不能感謝自己的直接上級，或者上級的上級。因為上級為你做的一切，都是他應該做的。向上感謝，容易造成媚上的風氣和利益交換的文化。所以，我們公司永遠不允許有人給我寫感謝卡。因為我是創始人，為大家做這一切，都是應該的。

四是當面表達。我們每個月會準備一場下午茶。寫了感謝卡的同事，要當著所有同事的面表達感謝。有一次，一個員工收到

了 5～6 張感謝卡，特別自豪。其他同事也特別羨慕。這就讓所有人都意識到，這樣的行為是被鼓勵的。

基於以上四個規則，你感謝，我發獎，員工對團隊的責任感越來越強了。

建立團隊責任感的本質是：透過各種各樣的活動，建立彼此間多如髮絲的恩情和虧欠聯結，大家再也說不清楚誰幫過誰、誰對誰有恩、誰虧欠過誰，永遠說不清楚了。

最後形成，「團隊的事就是我的事」那種責任感。

・幫助員工建立客戶責任感

當我們坐在辦公室裡做產品、做服務或者做流程的時候，面對的是收入、流量、資料這些東西，而不是未來要使用這些產品、服務、流程的人，所以常常對客戶沒有真切的感覺，以致容易產生「差不多就行了」「這個服務很不錯了」「有 85% 的可能已經是業內領先了」的感受。

當我們用指標來衡量的時候，就容易失去對客戶、對人的「責任感」。而這種責任感，才是做好工作的巨大動力源。

所以，主管要不斷讓員工看到這些數字背後真正的有血有肉、有情感、活生生的人，感受到客戶的感受，這樣才能激發員工對客戶的責任感。

具體怎麼做呢？

如果你有時間來潤米諮詢的辦公室參觀，你會發現我們的牆

上貼的不是標語，而全是客戶的真實感受（見圖 2-15）。

有一個客戶一直在讀我們的公眾號文章，他因為讀了我們的公眾號文章而有所改變，提高了商業認知水準，因此獲得升職加薪，忍不住給我們發來感謝信。

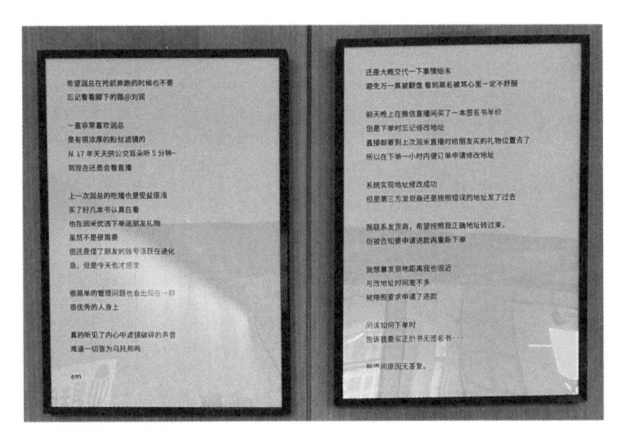

圖 2-15 客戶的真實感受

還有一個客戶，他讀了好幾年我們的公眾號文章，給我們提出了很多建議和意見。你能感受到他寫下這麼一大篇文章，是抱著那種發自肺腑的「怒其不爭」，但又掏心掏肺地希望你好的心態。

有一個客戶買潤米優選的產品，遇到了售後問題，結果我們的同事二話不說就幫他解決了。他忍不住寫了一封信，表達對這種堅守信用的行為的贊許。

而另一個客戶則寫了一封長長的投訴信。她是買節日禮品

的，結果物流晚到了幾天。雖然有客觀原因，但是錯過了節日，禮品還有什麼意義？

看著滿牆的表揚和批評（尤其是批評），你才能真正理解你的客戶，並與他們共情，從而產生責任感。

有同事說：「潤總，你貼了滿牆的批評，以後我怎麼帶朋友和客戶來啊？」我說，這才是客戶來參觀的一個重要景點。這代表我們願意與他們共情。這不但是客戶參觀的重要景點，也是新員工培訓的重要內容。

與用戶共情，是責任感的基礎。

小結

1986 年，蘇聯車諾比核電廠發生嚴重事故。為了處置熔融的核燃料，需要有人來挖地道拓展地下空間，這意味著死亡和傷殘。但短短兩天時間，就有一萬多人自願報名，他們分班分組挖地道，忍受地下的 50°C 高溫和缺氧環境，用 45 天完成了任務。這些不到 30 歲的志願者，有四分之一在 40 歲之前就離開了人世。

責任感帶來的動力有可能超越生死，更不用說超過獎賞了。這些勇士會為了責任感挺身而出，但不會為了錢去死。因為獎賞是為了生活得更好，所以是不會超越生死的。一旦面臨死亡威脅，獎賞的張力就會清零。

再來看愛好。愛好是我特別喜歡做的事，但是如果我做不到，那也沒關係，因為我對它沒有責任。所以，相比愛好，責任感同樣是一種更強大的動力源。

如果你試圖找出與高工作績效相關的人格特徵，應該選擇那些在責任感維度上得分高的人進行分析。責任感會讓一個人願意把每件事當成自己的事來做，全情投入，勇於擔當，及時補位；責任感可以讓一個人扛住壓力，扛住羞辱，面對艱難溝通，即便一次次跌倒，也還能夠咬牙站起來。

主管可以嘗試激發員工的三種責任感：

- 自我責任感。主管可以用「最近你遇到什麼事了嗎？這不是你的真實水準啊！」來激發員工的自我責任感。

- 團隊責任感。主管組織的活動越多、越大，越有利於增進團隊感情。大家一起享福，一起吃苦，互相幫助過，互相承諾過，得到過別人的恩惠，也給過別人恩惠之後，最終才能建立起血濃於水的團隊責任感。

- 客戶責任感。主管可以用真實的客戶案例、真實的客戶回饋來建立員工的客戶責任感。

學員感悟與案例

塗發勝：我們團隊有一個女孩子，做事比較磨蹭，偏偏主管又是急性子，所以這個女孩子經常挨罵。到現在她還是沒什麼進步，只會關注自己熟悉的工作。我們私底下開玩笑說，她的抗壓能力越來越強了。其實，她的自尊已經完全被這位主管打碎了，形成了破罐子破摔的心理，什麼工作都是主管說怎麼做就怎麼做，沒有自己的判斷和思考。

慕慕：要激發下屬的責任感，關鍵要讓下屬覺得他是被團隊需要的，他對團隊有重大價值，他的輸出是團隊不可或缺的重要部分。

帽子：公司的新工廠剛開始運轉，產品品質問題不斷，出現了各種瑕疵品。老闆去了廠裡，讓所有工人把廢木板拿起來，並說：「你們會讓自己的孩子使用這種廢木板做出來的桌子嗎？我對大家的要求就是把每張桌子的合格標準，定為你們自己家會用。」然後，他讓工人把所有廢板子都扔了，再讓大家回去工作。老闆在處理這個事時，就是在激發工人對客戶的責任感。

張康：公司的產品線分好幾個端，下屬 A 負責其中一個端的部

> 分業務設計，有一次他和研發部門開需求澄清會，年輕氣盛，又和研發人員嗆上了。會後，研發負責人向我投訴。我用了「高看你一眼」這種技巧，和 A 只聊了幾句，但效果顯著。我對 A 說：「我是把你當作這個端的未來負責人來看待的，希望你以後能把整個端的業務都抓起來，就你這一點就著的暴脾氣，以後還怎麼獲得研發部門的支持？」

意義：理解意義的意義

如果有一個人，你很想把他招進來，但是你卻得知Google給了他一份比你這裡薪水高一倍、職位高三級的工作，外加六星級的食堂福利，甚至萬一他不幸離世，他的另一半可以替他再領10年的薪水。

那麼，你怎麼說服他不加入Google，而加入你的公司呢？開出的條件比不過大公司，這是很多小公司主管招人時遇到的重大難題。面對這樣的難題，很多人可能立刻就崩潰了：這就是碾壓啊！我投降了，你們不要的人，能留幾個給我嗎？

但不是所有組織遇到Google搶人都得投降。在這個世界上，真有一家機構能和Google搶人才。

Google的創始人拉里・佩奇（Larry Page）說：「我們最大的對手是 NASA（美國國家航空暨太空總署）。為什麼？我們遭遇臉書、微軟時，都不怕，有勝有負。但是遭遇 NASA 時，我們從來沒有贏過。」

為什麼？因為在高級人才心中，有一個你可能相信，也可能不相信的，比尋賞更強的「獲得動力」，它就是意義。

意義能超越生存、繁衍和死亡

什麼是意義？

我們之前介紹的動力，如果究其根本，都來自基因的控制。比如，為什麼我們吃甜食的時候會特別開心？因為基因想吃甜的，糖是維持人類生存所需能量的重要來源，你吃到甜食之後，大腦就會釋放出一些化學物質，讓你覺得開心。再如，為什麼我們遇到危險時會覺得恐懼和害怕？因為基因讓我們恐懼和害怕，促使我們馬上做出保命措施。又如，為什麼我們長跑時會越跑越開心？因為基因推動我們追求多巴胺，而運動促進了內啡肽等化學物質的分泌，給我們帶來了愉悅感。

很多我們認為自主的行為，其實都來自基因的控制。基因透過調節各種化學物質的分泌，如多巴胺、內啡肽、催產素等，給人強大的動力，讓人**趨利避害**，實現生存和繁衍，從而使基因自身能夠保存和複製。但是基因帶來的種種動力，最終有一個邊界，就是生死。

這個世界上有一種動力，它比基因帶來的動力還要強大，無關利害，甚至超越生死。有的人可能會想，我這輩子被基因控制住了，我還能不能有真正的自由啊？真正的自由是，你所做的事情不是基因想讓你做的，而是你自己真正想要做的。這種事情就是你找到的意義。

我和大家講一個故事。2019 年 1 月，我帶二十幾位企業家到美國遊學，邀請了Google的郭博士給我們做分享，中間有一點特別打動我，甚至震撼了我。

有一天，郭博士的女兒對郭博士說：「爸爸，我看電視新聞，發現非洲竟然那麼貧窮，還有很多人連飯都吃不上，每年都有人餓死。我們能為這些快餓死的人做點什麼嗎？」

郭博士當時語塞了，他以前根本就沒有為此做過什麼，也不知道能做什麼。但他覺得，他不能告訴女兒：「我們不需要為他們做什麼，我們也做不了什麼。」他想，他一定要做點事情，讓女兒知道，在這個世界上我們是可以做一點有意義的事情的。

於是，郭博士就跟Google公司商量，看能不能把他調到 X部門。X 部門是Google專門做長遠專案的部門，比如放一些熱氣球到空中，為全球提供 Wi-Fi。

郭博士提議說，我想創建一個新專案，解決全人類的飢餓問題。這個問題特別宏大，更像聯合國要做的事，沒想到Google真的批准了這個專案。郭博士就從原來的部門調到了 X部門，專門研究這個聽上去特別不可靠的專案：解決全人類的飢餓問題。

那怎麼解決呢？現在還不知道。但是他說自從做了這個專案之後，每天早上他都是跳著起床的，非常興奮。「我可以起床去辦公室了，我可以繼續研究怎麼解決全人類的饑餓問題了。」他在講這句話的時候，眼睛裡是冒著光的，因為他找到了自己的使命，找到了自己人生的意義。

想賺錢是為了生存和繁衍，想變漂亮也是為了生存和繁衍，讓自己更有競爭力還是為了生存和繁衍。那什麼東西不是為了生存和繁衍呢？就是意義。

意義，就是使命，就是怎麼使自己這條命。意義的意義，就是超越一切的動力。

結伴動力的責任張力有時候可以超越生死，其他張力都止於生死；古往今來，因為意義而超越生死的例子是最多的。

這個世界上真的有些人，是為了意義而活著。比如那些拒絕了Google的高薪而選擇去NASA的人，他們更看重的是探索宇宙空間的意義。

意義管理三部曲

不是每個人、每家公司都具備「意義」這個張力的。能夠使用這個張力的，已經是高手了，所以我們把它放在最後來講。要想給員工的「獲得動力」添加「意義」這種燃料，有三個步驟（見圖 2-16）。

· 找到意義

你要先找到這個意義，找到比你自身更重要的事情（something bigger than yourself）。找到這個動力之後，所有關於自身的動力就顯得渺小了。

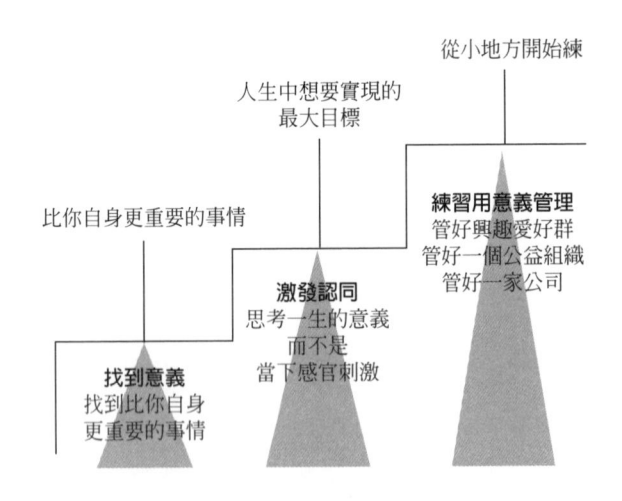

```
                                            從小地方開始練
                    人生中想要實現的
                        最大目標
                                         練習用意義管理
                                         管好興趣愛好群
    比你自身更重要的事情                    管好一個公益組織
                                         管好一家公司
                         激發認同
                        思考一生的意義
         找到意義        而不是
       找到比你自身      當下感官刺激
       更重要的事情
```

圖 2-16　意義管理三部曲

比如你的公司是做素肉的，那公司的使命或者公司存在的意義是什麼？中國早就有素肉，有些人怕胖，不吃肉，於是去素食餐館吃用大豆蛋白做出的火腿腸和牛排，特別好吃。素食餐館的意義是讓人們在享受肉味的同時不長胖，那素肉公司的意義呢？

今天人類面臨全球變暖問題，而導致全球變暖的二氧化碳，18% 來自動物養殖。如果能把植物蛋白做出動物蛋白的口感，那人們就可以不用再養殖動物，吃植物蛋白就好了，這樣就能大

量減少二氧化碳的排放，素肉公司就為地球生命做出了重大貢獻。你聽完這個論述之後，是不是感覺這家公司跟素食餐館大不相同了？因為它產生了巨大的意義，創造了比自身更重要的事情。

主管要想對員工做好意義管理，需要深刻理解到底什麼是使命（mission）。

有人說，使命就是「做什麼」，願景是「做成什麼樣」。這沒錯，但是這樣的表述會讓人覺得使命和主營業務是差不多的意思，並沒有真正講清楚使命的「靈魂」。

使命的靈魂是什麼？我們常聽說，「天將降大任於斯人也，必先苦其心志，勞其筋骨，餓其體膚，空乏其身，行拂亂其所為」，什麼事情能讓你心苦、骨勞、體餓、身乏、行亂，卻還要堅持？是大任，上天安排給你的大任。一旦你接受了上天給你安排的大任，你就有了意義感或者使命感，你會覺得你做的每一件事，吃的每一份苦都是值得的。

一個公司的使命，也可以說是召喚（calling）。就像上帝突然拍了拍你的腦袋，告訴你，你這輩子創業就是為了做這件事。當你收到了使命的召喚，就會心無旁鶩，能拒絕其他任何誘惑，也能克服困難。因為這是你的「使命」，如果你想清楚了，就知道怎麼使自己這條命了。

理解了使命的靈魂所在，你就會明白，其實大部分公司是沒有使命的。使命不是公司的必備品，而是公司的奢侈品。一個人

有夢想，有大任，是令人羨慕的；一個公司有願景，有使命，是令人嫉妒的。因為使命的背後是意義，意義的力量強過任何激勵。

有些公司看到別的公司有使命，於是也想有自己的使命。它們把自己正在做的所有業務提煉出共性，寫成一句話，然後說這就是公司的使命。這句話確實是在說「做什麼」，並且囊括了公司正在做的所有事情，看上去正是因為這個使命，公司才做了這些事情。但後來，公司又開拓了一些新業務，它們和使命完全沒有關係。這時候怎麼辦？有使命感的公司會砍掉這些業務，而沒有使命感的公司則會修改使命。沒有使命感的公司，必然會經常修改使命。

我們常說，真正的企業家是一群具備強烈「使命感」的群體。他們有長久的決心，有守拙實做的精神。

建設一個行業，不是一朝一夕的事情，必須做好長久打算。所以，他們只拿「長錢」，只拿那些需要等待 10 年甚至 20 年才有回報的錢。能等，才能獲得大回報。

有一次我和晨興資本（2020 年更名為五源資本）的創始合夥人劉芹聊天，聊到一個專案時，他說早期就不太看好，為什麼？因為這個創始人太聰明了。什麼意思？太聰明不好嗎？確實不好。

聰是聽力好，明是視力好，太聰明的人，每天都能聽到或看到各種機遇，想到各種激動人心的模式。因此，太聰明的人非常

容易失焦，非常容易患得患失。

而創業是把一件事堅持做到極致，一定程度的「傻」有助於這種堅持。

其實，可以聽到或看到全世界，有時是一種懲罰，太聰明的人需要對抗全世界的誘惑。守拙實做，就是願下笨功夫，在一個行業裡持續深耕，數十年如一日。

· **激發認同**

找到意義（創建使命）之後，你要激發大家對這個意義的認同。首先，要把理性邏輯講清楚，讓員工的大腦能接受。接下來，還要用感性畫面和案例，讓員工的心靈能認同。

關於激發認同，我介紹一下古典老師的一個辦法。管理者可以請員工想像一個場景：你已經 80 歲了，鑒於你對人類所做出的貢獻，聯合國決定給你頒發一個「最佳人類獎」，你希望這個獎牌上寫什麼？

這時員工通常會有興趣展開思考：我希望別人在獎牌上寫什麼呢？寫我是一個對社會有貢獻的人，還是寫我是一個特別優秀的管理專家，或是寫我改變了 1 億人的生活？認真思考之後的答案就是他的人生意義所在，就是真正能激勵他的、他想要實現的那個最大的目標。

「80 歲獎牌」這個問題，有助於大家思考一生的意義，而不是感受當下的感官刺激。

・練習用意義管理

用意義管理團隊是高級管理者的一項重要能力，可以從小地方開始練起，比如管好一個公益組織，或者管好一個興趣愛好群。

我在 2003 年開始做公益專案，加入了一個組織叫「國際青年成就」。2005 年，我成立了自己的公益機構，叫作「捐獻時間」。公益組織不好管，不能發錢給大家，只能靠意義來管理，告訴大家這件事有什麼價值，能幫助到什麼人，甚至能夠改變人類的生活。

成為一個公益組織的負責人，讓一群人共同完成一個目標，並且有序地管理好這個事，能夠真正鍛鍊一個人的管理能力。能管好公益組織，就能管好商業組織，因為商業組織使用最多的動力工具就是尋賞，這其實是相對比較容易的，用意義管理才比較難。

如果你不做公益組織，也沒關係。你至少可以建一個興趣微信群，大家共同讀書、學習。如果你不發給大家薪水，還能把它營運好，那麼背後一定有超越金錢的東西，那就是意義。把興趣類微信群營運管理好了，你會更擅長把意義作為動力來管理員工。

小結

意義,就是比自身更重要的事情。意義是利他的,超越了基因所控制的生存、繁衍等人生目的,我們可以從中獲得真正的自由。意義,是脫離了基本需求的、真正高級的人想要創造的人生價值。

一定是對社會有巨大價值、對他人有巨大幫助的事,才能被稱為意義。意義的意義,就是超越一切的動力。管理學大師杜拉克認為,管理的本質是激發人的善意。讓員工知道工作的意義和重要性,是激發善意的一個關鍵方法。

給員工的「獲得動力」添加「意義」這種燃料,有三個步驟:找到意義、激發認同和練習用意義管理。

意義對組織很有價值,我們甚至可以想到為意義犧牲的董存瑞、黃繼光、邱少雲。但是要注意:如果意義連你自己都不信,你卻要員工信,這就不叫意義了,而叫畫餅,甚至是欺騙。

學員感悟與案例

肋骨：大學畢業後，我在北京的一家傳統IT上市公司寫程式，每天就是行屍走肉地上下班，看不到未來和希望。

一次機緣巧合，我接觸到一家外地的城建平臺公司及其總經理，他們為當地建設政府工程。我看到了他們在這座城市的很多在建大專案，也看到了這座城市的面貌：乾淨整潔，走在路上的人們都很安逸。就在那一瞬間，我覺得自己也應該為這座城市的建設做點事情，這樣才是有存在感、有意義的。於是，我辭職來到了這座只來過兩次的城市，拒絕了總經理讓我從主管做起的橄欖枝，而是選擇從公司最基層開始踏踏實實做。有一段時間，我覺得每天都打滿了雞血。現在我帶著兒子路過一些自己負責的專案時，我都會跟他說：這樓是爸爸當年和你××叔叔一起建起來的。

鳴人：我經常參加頭馬俱樂部的演講活動，這是個延續近百年的全球性公益演講組織，每週都有一群熱心人組織活動。參與活動的人，只要上場演講，都能獲得有效的回饋。沒有商業，沒有廣告，沒有盈利，只有熱愛與付出。看來，我得儘快競選上俱樂部主席，多多鍛鍊激發認同的能力。

俊翰：這一節的內容讓我想到了華為。任正非說華為最團結的時候,不是過去那些獲得成就和發獎金的時刻,而是現在被美國打壓的時候。因為這激起了華為有可能被打垮的恐懼、對霸權主義的憤怒、對開創新局面的尋賞、對所做事情的愛好、對公司的責任,以及華為不被打垮、生存下來對家國的意義。

回想自己工作的動力,有對家庭的責任,有對失去工作、無法立足社會的恐懼,有對別人看不起自己的憤怒,有對物質的尋賞,有對銷售的熱愛,也有想做成事業發揮出自我價值的意義。

PART3
能力

個體: 動力 × 能力
整體: 溝通 × 合作
= 贏得比賽

燃料 — 車輛架構 — 儀表板 — 駕駛技術

願不願做 — 會不會做 — 意識共識 — 行動共識

管理效率

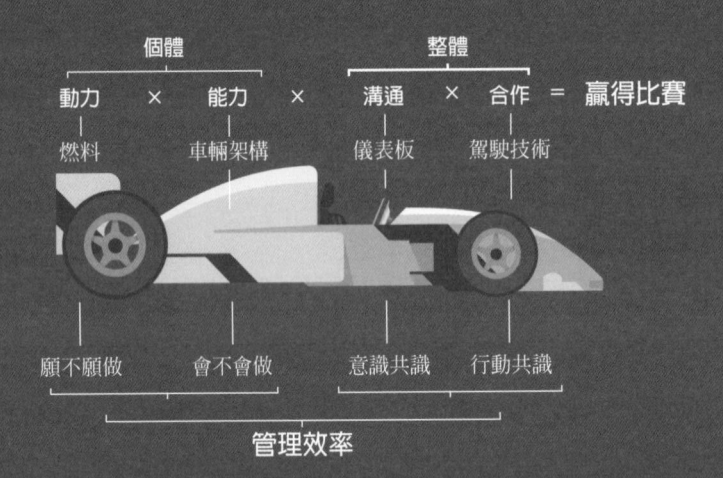

突破自然效率

教練：為明天的自己訓練團隊
能力截面
提升明天的業績
訓練、轉職和替換

做中學：從用人所長到幫人成長
犯錯、解決、改進、成長
週記、分享和覆盤

傳授：不要用訓人代替教人
五級傳授
提煉三部曲

培訓：突破團隊的能力天花板
突破團隊的能力天花板
正確理解培訓
正確管理培訓

換單位：不要把鐵杵磨成針
去除C類員工
用對人重於培養人
能力勝任度模型

替換：你是願意教一隻火雞爬樹，還是換一隻松鼠
選擇權
主管的「成人禮」
解僱「三要」

個體的貢獻首先來自自己的動力，也就是意願。在第二章裡，我們介紹了主管激勵員工可以用的四大動力，以及相應的六種燃料。作為管理者，你需要擔任一個角色——鼓手。你站在場外，給大家加油鼓勁。

為什麼組織中需要鼓手？古代打仗時鼓手的重要程度堪比將領。從一鼓作氣、鼓舞士氣、鼓足勇氣等成語，也可以看出鼓手的作用之大。在發起一個任務時，主管要像軍隊裡的鼓手那樣，給即將衝鋒的員工壯行；在任務遇到困難時，主管要給員工擂鼓助威，增強他們衝破難關的動力。

但這些還不夠，光是鼓舞士氣還不足以克敵制勝。動力解決不了能力的問題，員工的動力乘以他的能力，才等於他個體的貢獻值。我們希望每個員工都能夠成為特種兵，既充滿戰鬥激情，同時又充滿戰鬥力。因此從員工晉升到主管，你還要擔任另一個角色——成為提升員工能力的「教練」。

奇異公司（GE，General Electric）的前 CEO 傑克・威爾許（Jack Welch）說過：「我的主要工作是培養人才。我就像一名園丁，為公司 750 名高管澆水施肥。」

不論是當企業一把手，還是做基層管理者，都要當好「教練」，提升員工的能力，幫助他們成長為可用之才。

教練：為明天的自己訓練團隊

終於從員工升到主管了，你的第一份快樂是什麼？第一份快樂是自己終於有了手下，心情那是相當的好。但這第一份快樂可能最多只會持續三天，隨後你就會感受到你的第一份痛苦：你手下的這屆員工不如你。你總是忍不住想要說：你別動，放著我來！事後想想，員工做完活後還要你去補救，那還不如把他開除算了。

大部分主管可能還沒到想開除人的地步，但抱怨往往是少不了的：「我手下的員工怎麼會能力這麼差？這件事做不好，那件事做不好，跟我真是沒法比，我那時真是主管指哪兒打哪兒，把所有任務都完成得妥妥帖帖，現在真是一代不如一代。」

然而，認為員工不如自己，這是主管最容易犯的一個認知上的錯誤。

能力截面

真的是這批員工不行嗎？

也許是，但也許不是。你反過來想，如果這批員工很行，甚至比你都行，那還輪得到你升職嗎？你升職的原因，通常就是你比他們強，老闆當然會提拔他認為最好的那個人。

假如你有兩個選擇，一是你沒升職，比你差的同事升職了，你有一個不行的上司，你痛不欲生；二是你作為最強的員工被提

升為主管,但有一批不行的員工,你苦不堪言。請問你選哪一個?

大部分人可能都會選被提升為主管,但有一批不行的員工。

其實,老闆把你提升為主管,大多有一個潛在的希望,就是希望你把你的能力複製給大家。

按照通常的邏輯,你被提升為主管,是因為你的能力相對較為突出。也正因為如此,你看所有員工都感覺他們能力差。但根本原因,是你只看到了員工現在的能力截面。

什麼叫截面?就是橫斷面。你攔腰斬斷一條河流,看到的就是河流的截面,可是片刻之後截面就不一樣了,因為水還在流,它是動態的。同樣,你今天看到的員工的能力截面,也只代表員工今天的狀態。所以,認為這屆員工不行的本質原因,是你忽略了時間會給這個團隊帶來的成長。你只看到了他們今天的能力截面,覺得自己拿到了一手爛牌。

那怎麼辦?自己上?那就是降級使用,拿著主管的薪水做員工的活。說得嚴重一點,你這是在浪費公司的資源。

做事,還是要靠大家。升為主管後,你要做出重大**轉變**,除了當好鼓手,還要扛起另一個重要角色—— 教練。也就是說,你要開始培養員工。

提升明天的業績

和大家講一個我在微軟時老闆培養我的故事。

做完一個很大的專案後，作為專案負責人，我要寫一份全英文的報告，用電子EMAIL發送給我的老闆。

這份報告很重要，是要發給微軟美國總部的，所以老闆很重視。他審核了一遍，給我回覆了郵件，提了很多意見，但是他沒有親自改。我覺得有點氣憤：你這樣不是找事兒嗎？你有意見，直接改完發出去，不就搞定了嗎？為什麼非要我來改？

官大一級壓死人，我也沒辦法，那就改吧。改完之後，我特地標注了「V2」，表示這是第二版。第二版發過去之後，老闆仍然待在他的辦公室裡看，看完之後又發給我。我一看，他又提了一堆意見，並且又沒給我改。我當時挺惱火，但能怎麼辦呢？他是老闆啊，我只好又開始改。

他在辦公室裡，我在外邊的位置上，我們就這麼來回改，一直改到第二天早上7點才發給美國總部，大約改了12小時。

這件事情一開始讓我覺得非常奇怪、沮喪和憤怒，如果要用最低的成本來獲得美國總部的認可，那就是我的老闆直接來改，最多1小時就改完了。多年以後，我才明白，老闆陪了我12小時，一夜沒睡，他花費這麼多的時間和精力，其實是在幫我提升能力。今天我仍然非常感激他，正因為他的培養，後來我才有了獨當一面的能力。

所以老闆並不是在虐我，因為他自己也在被虐。他培養我，是因為他知道總有一天他要去做更大的事，部下必須能夠獨立跟高層溝通。這時我的老闆就不僅是鼓手，還承擔了教練的角色。

老闆為什麼要這麼辛苦做教練？因為他知道，自己今天很辛苦，是因為員工今天的能力讓他辛苦。他不希望明天也辛苦，所以今天要抽時間培養員工，把明天的問題解決了。

因為能力的「滯後效應」，主管應該把 40% 的精力花在提升今天的業績上，40% 的精力花在提升團隊能力上——提升團隊能力就等於提升明天的業績，另外 20% 的精力花在提升自己的能力上（見圖 3-1）。

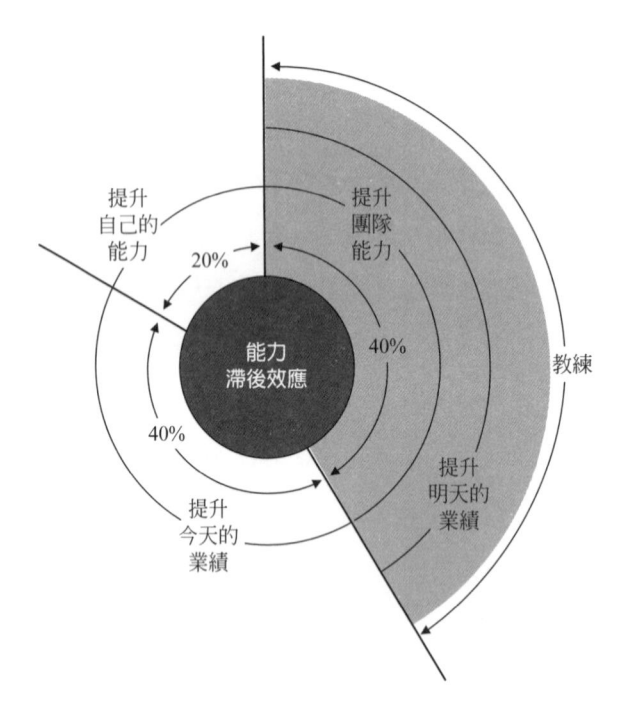

圖 3-1 提升明天的業績

員工一旦晉升成為主管，就要開始承擔過去從來不曾承擔過的種種角色，其中一種角色就是教練。教練的職責，就是培養員工、提升團隊能力。

培養員工的本質是幫助明天的自己達成更好的業績，這是一項長久的投資。

訓練、換單位和替換

一個員工能升職成為主管，往往是因為業務能力突出。但主管並不一定在所有方面都要比員工強，比如主編可能十分擅長設計書名、撰寫文案──這一核心業務技能深得老闆認可，但他對封面的審美未必一流，發現書稿中錯字病句的能力未必比得過下屬。甚至經過持續的成長，員工的核心業務技能也會比主管強，但主管依然要做員工的教練。

游泳世界冠軍，可以說是全世界游得最快的人，他一樣有教練，教練是用專業的方法來幫助他成長，並不是一定要比他強。即使員工比主管強，主管還是可以幫助他，員工的成長才是目的，但主管比員工強並不是前提。

那主管怎麼做好教練呢？需要去做三件事：訓練、換單位和替換。

・訓練──程度軸

一個人的能力是有高低的，透過訓練提升一個員工在某件事

情上的能力，這叫程度軸上的提升。

德國將傳統學徒制與現代學校教育制度相結合，安排學生接受三年或三年半的實踐訓練，培養了大批高素質職業技能人才。這是德國製造享譽世界的關鍵因素之一。

國家提升競爭力靠人才培養，企業提升競爭力也是如此。產品，從來不是一家企業的核心競爭力。

打個比方，你有一隻鵝，每天下一隻金蛋。你把金蛋賣了，賺了不少錢。那麼，你的鵝每天下的金蛋是核心競爭力嗎？當然不是，那只鵝才是。

下蛋，是鵝的工作；養鵝，是公司的工作。那麼，如何養鵝？如何讓鵝更好地下蛋？也就是如何讓你的產品團隊生產出更好的產品？你給鵝下任務指標，讓鵝從每天下一隻蛋到下兩隻，或者必須下雙黃蛋，這樣你就能賺更多錢嗎？不是的，這無異於「殺鵝取卵」。

你更應該去關注鵝的狀態。你的員工是否有足夠的時間學習？你是否給了他們足夠的訓練？只有這些員工透過訓練不斷成長，他們才能生產出更好的產品。這是企業提升競爭力的底層邏輯。

提升一個人的能力，這是教練可以幫到員工的。後面我會用三個小節來專門講主管如何培養一個員工的能力，這對很多主管來說是要從零開始學的技能（見圖3-2）。

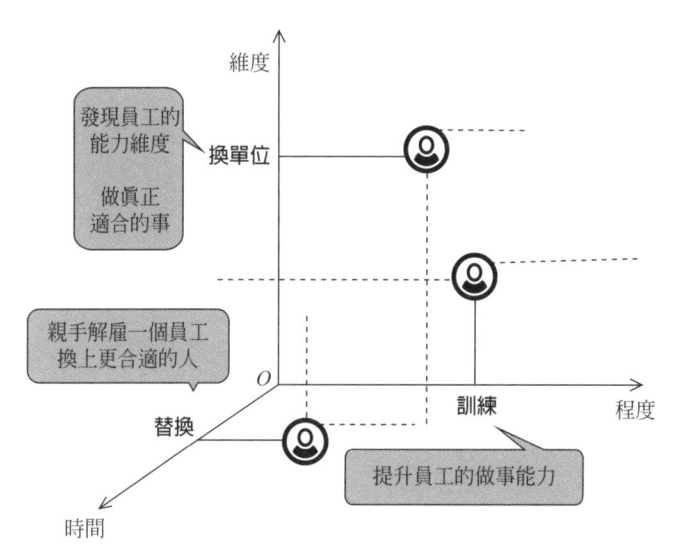

圖 3-2 訓練、換單位和替換

・換單位──維度軸

不同的員工有不同的人生經歷、性格、愛好。約翰・霍蘭德（John Holland）的人格──職業匹配理論認為，一個人的職業與其性格、興趣密切相關，當一個人的性格特徵和興趣與職業相符時，更能調動其工作熱情，激發自身潛力，並提高工作滿意度。比如有的人心細，適合做會計；有的人活潑外向，適合做銷售。

所以，一個好的主管還得有一種很重要的能力，就是能發現員工的能力維度，然後透過換單位，讓他們去做真正適合自身能力維度的事情。

・替換——時間軸

主管要接受，員工的能力提升是需要時間的，他們要花很多時間才能真正成長起來。成長這件事不是**變魔術**，它是時間的藝術。

如果你發現一個員工的成長速度與時間不成正比，或者總是沒有成長，那麼你必須學會親手解僱一個員工，換上更合適的人。換人，其實就是用錢來買提升團隊能力的時間。

換人聽上去很殘忍，但這是員工晉升為主管後的一個「成人禮」，你必須親自做這件事。你不能讓人力資源部來解僱，你要親自把員工叫過來，面對面地看著他的眼睛告訴他：你被解僱了。面對著他驚訝的目光，你要跟他講清楚，為什麼這件事情會發生。你得讓他能坦然接受，覺得自己無可辯駁，甚至還對你心懷感激。這時候你才完成了作為主管的「成人禮」。

小結

- 從員工晉升到主管，你多了兩個角色：鼓手和教練。

- 教練，要把一部分精力花在提升員工今天的能力和創造團隊明天的業績上。換言之，主管要為明天來做一些投資，來培養員工。

- 教練要做三件事：訓練、換單位和替換。

> 普通人盯著結果，優秀的人改變原因。能力，是業績的原因。主管改變員工的能力，就是改變明天的業績。

學員感悟與案例

懷寬：作為一家剛成立不久的分公司，用來招人和支付薪水的預算是有限的，因此也招不到能力多強的人。這就讓我產生了一種錯覺：現在公司規模還小，等銷售額上來了，預算多了，就可以招幾個能力更強的，把手下能力不行的員工換掉。我忽略了作為經理的一個重要職責，就是幫助員工提升他們的能力。對於那些實在激勵不了也提高不了的員工，再考慮換掉。而且有一點很重要，現有團隊能力沒有得到提升，業績就起不來，也就不會有我想像中的等銷售額上來了再把人換掉這一說。

關關：我總覺得把每件事情都和員工講清楚了，包括該怎樣制訂計畫和達成目標，重點在哪裡，員工就應該能做到。但我忽略了在每一個點上還有很多底層邏輯和知識沒有講到位，可能我也講不透澈，就算講透澈了，下屬也需要一段時間來適應和成長。

張康：我會去「培養」下屬，起初只是因為我樂於分享的性格。我一直覺得，自己踩過的坑，如果眼睜睜看著別人也掉進去，實在於心不忍。人類在各方面「進化」得越來越快，就是因為每代人站在了前人的肩膀上。如果總是藏著掖著，不僅顯得格局小，而且不利於整個群體的成長。因此，在佈置任務後，我會讓下屬想一想，大概要怎麼做，半個小時後再單獨聊。聊的過程中，我會提醒他哪些關鍵節點要注意，哪些人需要打交道，哪些人脾氣不好等，讓下屬一一記下。踩坑的教訓整個團隊都可以有，但儘量別重複踩坑，否則效率太低了。

黃安琪：對於確實不能勝任職位的人，我會直接把他優化掉。我會跟員工直接面對面溝通，而不是像 HR 那樣例行走流程，我會與他深聊：「你擅長做什麼？你覺得這段經歷有哪些地方讓你不舒服？你考慮過去做 ×× 類型的工作嗎？簡歷方面遇到了什麼問題嗎？」這樣溝通，被優化的員工不僅不會記恨你把他優化掉，反而會感謝你幫他找到了方向。

做中學：從用人所長到幫人成長

前面講了，做好教練要做三件事，第一件事是訓練（培養）。訓練的目的是提升員工的能力，讓員工的能力越來越強，從原來的 5 分，提升到 6 分、7 分、8 分。

今天用今天的他們，明天用明天的他們，後天用後天的他們。為了完成明天、後天不斷提高的業績指標，主管需要不斷提升員工的能力。那主管怎樣才能幫助員工成長呢？最重要的辦法，就是讓員工從自己的工作經驗中學習。

我根據這個觀點給年輕人提過職業生涯的建議。有一次我在北京跟一個老主管吃飯，他帶了一個年輕朋友過來。這個小夥子說：「我們年輕人都渴望實現比較快的成長，潤總，你有什麼建議嗎？」我就問他是做什麼的，他說在做一些廣告專案的執行。

我接著問他：「你喜歡這個工作嗎？你能在工作中學到東西嗎？」他說不是很喜歡這個工作，原因正是他在工作中學不到東西。所以他其實是想問我，他應該額外學點什麼？怎麼學？

請問：如果是你，你會怎樣建議？是買個好一點的耳機，上下班路上多聽課？用工作賺學費，晚上讀個夜校？還是認識一位名師？

我建議他：辭職吧！

有人可能會說：為什麼？你這個建議太不負責任了吧？因為一個人能獲得的成長，70% 是在工作中完成的，

20% 是在與他人的互相學習中完成的，只有 10% 從課程等正式學習中得來。成年人最好的學習方式是做中學（learning by doing）。

犯錯、解決、改進、成長

有人說：潤總，你這樣不好吧？你建議在工作中學不到東西的員工離職，那我作為主管的壓力豈不是很大？

當然，這是主管的責任。

還記得主管的兩個身分嗎？鼓手和教練。如果一個運動員跟著教練學不到東西，那這教練還能叫教練嗎？

「做中學」，是一個團隊最重要的學習方式；幫助員工「做中學」，是一個教練最重要的工作。

主管要知道，員工最重要的成長一定來自工作本身，因為只有工作才是實踐，只有在實踐中才能學會技能（skill），而培訓是知識（knowledge）的傳授。成年人最高效的學習方式，就是做中學。用古人的話來說，就是「紙上得來終覺淺，絕知此事要躬行」。

「做中學」，是著名的諾貝爾經濟學獎獲得者阿羅（Kenneth J. Arrow）於 1962 年提出的模型。

「做中學」是指，員工在完成工作的過程中，不可避免地會思考、探索和嘗試改進工作的方法，這樣員工透過工作本身就可以積累知識。換句話說，知識的積累有時不是「學習」的結果，

而是「工作」的副產品。這種積累知識的過程，就叫作「做中學」。

如果主管只把員工當作工作的機器，認為工作成果才是唯一的產品，那麼員工的價值就會隨著時間的推移，邊際效用越來越低。最後主管會發現，隨著競爭越來越激烈，行業平均水準越來越高，自己身邊沒有人才可用。

如果主管有意識地把工作的副產品，也就是員工在工作中思考、探索和嘗試改進工作的方法收集起來，用來澆灌員工，提高生產力，那麼整個團隊的能力就會越來越強。

這就是「做中學」。

「做中學」意味著，主管不能讓員工一直做他熟悉和擅長的事情，而要讓員工走出舒適區，去做一些他不熟悉和不擅長的事情。這就需要主管具備一種修養，他要允許員工犯錯，因為只要去做自己不擅長的事情，或者去做此前不熟悉的事情，就有可能做對，也有可能做錯。主管要把員工犯錯當成是培養的成本，然後跟員工一起來解決問題，而跟員工一起解決問題本身就是培養，今後改進了工作方法就是員工獲得了成長。

犯錯、解決、改進、成長，這就是主管對員工的培養過程。大家有沒有發現，教練真正的重點並不是教，而是讓員工去練。

週記、分享和覆盤

主管具體該怎麼幫助員工「做中學」呢？

「做中學」的本質，是思考。所以，主管一定要創造員工對工作不斷思考的場景。下面，我給大家分享三個基本的方法：週記、分享和覆盤（見圖3-3）。

· 週記

我特別建議每個團隊都要養成寫週記的習慣，老闆要寫，主管要寫，員工也要寫。每個人都要寫自己這一周做了些什麼，下一周打算做什麼，這是週記的基本要求。

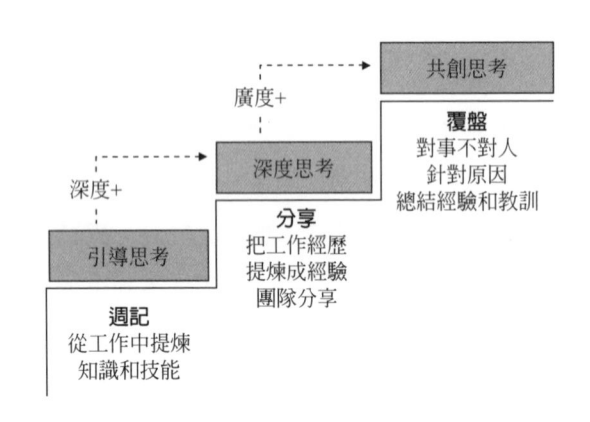

```
                                    共創思考
                          廣度+  ┌──────────┐
                      ┌──────→  │ 覆盤
                      │          │ 對事不對人
                深度+ │  深度思考 │ 針對原因
            ┌────→   │          │ 總結經驗和教訓
            │         │  分享
            │         │  把工作經歷
    引導思考 │         │  提煉成經驗
            │         │  團隊分享
            │  週記
            │  從工作中提煉
            │  知識和技能
```

圖 3-3　週記、分享和覆盤

但是要特別注意三點：第一，週記的目的不是（至少不僅僅是）檢查進度，所以不要僅僅彙報成果、進展和業績。這些都是結果，不是原因。那要彙報什麼？彙報從工作中提煉的知識和技能。

第二，可以考慮使用範本：我做對了什麼，做錯了什麼（關注點在事，記錄結果），收穫了什麼經驗，有哪些今後要避免的教訓（關注點在人，提升能力）。

第三，自己不僅要寫，也要評價。

引導大家思考和總結是有必要的。因為思考很耗費能量，而耗費能量的事情，很多都是違背人性的，比如重訓、跑步。在你愛上運動之前，一點點地引導是很有必要的。

有的人雖然有 10 年工作經驗，但其實他只是把第一年的工作經驗重複了 10 遍，甚至他只是把第一天的工作經驗重複了 3000 多遍而已，因為他沒有總結、沒有提升。所以，主管一定要讓員工堅持寫週記，堅持思考和總結，才能獲得提升。

· **分享**

如果主管發現員工的週記中有特別好的內容，可以建議和給大家分享，講講做好這件事的原因是什麼。因為這相比週記更加正式了，他就會想自己怎麼講比較好，然後進一步地思考，把自己的經歷提煉成經驗，再分享給大家。

週記是引導員工思考，分享是引導員工有深度地思考。以前我帶技術團隊時，組織過一個「週五講壇」活動。

每週五下午，我們會邀請或者接受員工報名，開一場 1～2 小時的分享會。這名員工會先講講他最近研究的一些技術問題，或者遇到的難題的解決方法，然後接受大家的提問，和大家一起

探討。

這個活動看似幫助了聽眾，其實更大程度上還幫助了分享者。透過準備和討論，分享者對問題的理解會更深。

這背後的原理，就是費曼（Richard Feynman）學習法。用輸出，倒閉輸入。2006年，我寫了一篇文章〈出租司機給我上的MBA課〉[11]，刷遍了當時的互聯網。很多人都不信這個司機真的存在。後來，我邀請他到微軟來講課，他就是在這個「週五講壇」活動上做的演講。

讓定期的分享和來聽分享成為習慣，有助於幫助員工深度思考。

你也可以試一試。

・覆盤

事前有沙盤，事後有覆盤。如果遇到困難和失敗，這時候更是要做覆盤。

對於覆盤的重要性，我深有感觸。我一直有個目標，就是徒步「穹頂1緯度」，抵達北極點。徒步「穹頂1緯度」，就是先坐直升機，降落到北緯89°北冰洋的浮冰上，然後在「流動」的浮冰上徒步整整一個緯度，抵達北極點。

---

11 原文：劉潤公眾號，〈13年前出租司機給我上的MBA課，今天依然受益匪淺〉https://www.weibo.com/ttarticle/p/show?id=2309404328127038929195&mod=zwenzhang

聽起來很有意思。可是，在浮冰上怎麼徒步呢？拿出GPS，打開衛星地圖，規劃一條能繞開浮冰裂縫，通往北極點的路線。然後，踩著「流動」的浮冰，出發。堅持向北走，直到晚上，搭帳篷，休息。

有意思的部分來了。你猜，第二天醒來，我必須要做的一件事是什麼？再次拿出GPS，打開衛星地圖，看看自己在哪裡。然後，重新規劃一條能繞開浮冰裂縫，通往北極點的路線。為什麼要重新規劃？因為腳下是浮冰，一直在「流動」。

企業經營，就是在浮冰上徒步。最初的目標可以不變，但是內部和外部環境可能一直在變，這就需要「調整」路線。可是，怎麼調整呢？覆盤。

我給你分享一個我自己常用的「專案覆盤」範本（見表3-1）和一個我們每個業務負責人都在用的「年度覆盤」清單（見表3-2）

表 3-1 「專案覆盤」範本

×××專案覆盤		
項目名：		
覆盤日期：		
參與人：		
做得好的	「如何」發生的	如何複製
1.		
2.		
3.		
做得不好的	「為何」會發生	如何避免
1.		
2.		
3.		
備忘		

表 3-2 「年度覆盤」清單

年度覆盤七要素	1. 從 OKR 結果角度，上一年度，「做到」了什麼
	2. 從方法論角度，上一年度，「做對」了什麼
	3. 從方法論角度，上一年「不足」之處是什麼，怎麼改進
	4. 對夥伴的表揚和肯定，及對合作的「感謝」
	5. 下一年度，OKR 是什麼，核心有哪些
	6. 具體怎麼做
	7. 期待大家給我什麼樣的幫助

這些覆盤清單非常簡單，因為它們的關鍵不是要素「多不多」，而是「做沒做」。覆盤清單越簡單，你就越有可能堅持做下去。

但是，覆盤還是有一些注意事項的。

第一，覆盤的關鍵是對事不對人，這樣員工才能進行有深度的共創思考。

覆盤時，主管要讓大家都養成大膽發言、就事論事的習慣，因為如果一旦對人，大家可能就不敢談，或者不好意思談了。把這種文化建立起來，勇敢地談事情的好壞，而不論人的對錯，不涉及扛責任和受懲罰，這樣大家的目標就能鎖定在經驗積累上，而不是宣洩情緒或追究責任。

第二，覆盤時要分析怎樣提升做事的效率或效果。

我們運用第三人稱，即假設虛構的丁做了某件事，然後分別

問甲和乙：你覺得這件事可以怎麼提高？透過這樣的覆盤，大家能夠獲得新的知識。

批評是針對結果，對人不對事，會讓員工反感抗拒，進而產生負面情緒。覆盤是針對原因，對事不對人，能讓員工學到教訓，並總結出寶貴的經驗。

小結

員工最重要的成長來自工作本身，無法「做中學」的工作，不值得做。10% 的正式學習，彌補不了 70%的「做中學」的缺失。這就像一日三餐都不吃，光靠公司每天下午的「歡聚時光」的餅乾過日子，是要餓死的。

三流主管「用人所長」，這是在消費員工現有的能力，員工無法獲得成長；一流主管「幫人成長」，投資開發員工的新能力。

那主管怎麼幫助員工透過「做中學」獲得成長呢？有三個方法，即週記、分享和覆盤。週記是引導員工思考，分享是引導員工有深度地思考，覆盤是引導員工有深度的共創思考。

學員案例與感悟

肋骨：初當部門副主管的時候，我帶兩個剛畢業的大學生，開始時我無從下手，用的就是潤總的週記法，每周有週記，有點評。後來兩個人的效果截然相反：一個成長很快，很快就能獨當一面；另一個四年下來各方面都還跟職場新人一樣。今天我又打開了他們之前的郵件來看，發現和潤總說的一模一樣，成長快的人除了記流水帳，還會有一段自己的心得和總結，而沒怎麼成長的那個人，週記就是純粹的流水帳。

從貳開始：我的工作內容從一件事情累積到五件事情，有時候私下裡我也會抱怨，怎麼給我安排的工作越來越多了。後來護士的一句話點醒了我，他說，小陳你現在來這快一年了，都變成萬金油了，什麼都懂什麼都會，有事找你解決最可靠。那時候我才想到，主管這是在鍛鍊我，讓我一年之內的成長抵得上別人的兩三年！

王婷婷：團隊成員 A 之前沒有獨立帶專案的經驗，都是我親自盯每個專案，她協助我完成其中某幾個環節。雖然很不放心，但我還是決定給她機會，去嘗試完成整個專案。最終專案她還是順利完成了，針對做得不完善、準備不充分的環節，我們做了詳細覆盤，並且我要求她在全部門分享了經驗和教訓。雖然

有一些小遺憾，導致專案的整體投入產出比降低，但為了員工的試錯和成長，還是很值得的。

黃安琪：我的習慣是每天會覆盤自己的工作，原則是不去糾結那個不好的結果，而是去分析：

1. 這個結果是什麼原因導致的，包括外部的和自身的原因。
2. 這些不足我可以怎麼改善，要給出具體的解決方案。
3. 下次若再遇到此類情況，我用了改善型方案之後，結果有沒有變化。

我發現，只要經過三次覆盤，就會針對這一類型的問題，形成一套正確的行事方式，犯錯機率會大幅降低。

寫週記和分享很多團隊都在用，關鍵是管理者能否像教練一樣，幫助員工認識到自己的問題和不足，並給出恰當的適合他個人的解決方案，關注他實施這個方案的結果，同時給予支持和鼓勵。

傳授：不要用訓人代替教人

成長爲主管，要成爲鼓手，也要成爲教練。鼓手是「媽」，不斷鼓勵大家；教練是「爸」，告訴大家這樣做或那樣做。主管是又當爸又當媽。

作爲教練，到底要做什麼呢？除了上一節講的教練要幫助員工「做中學」，因爲他們 70% 的能力是在工作中學到的，教練還要會「傳授」。

員工在實踐中自己「悟」是一方面，主管的「點」是另一方面，有時主管「點」透了，員工才能明白。「悟」是自己「做中學」，「點」是師傅領進門。

主管經常會遇到這樣的場景。你安排了一項工作，問員工會不會。員工一臉茫然，但他卻說：「會。」你心裡很不踏實，就說：「那我還是演示一遍吧。」你做完一遍，問：「會了嗎？」員工依然一臉茫然，說：「會了。」

你雖然讓員工去做了，但是心中有種不祥的預感。

過了幾天，員工來給你交作業了。你發現他做得一塌糊塗，你連踹他一腳的心都有了，說：「你怎麼連這都學不會？！」

請問：這個員工有什麼問題？

他太笨嗎？他不用心嗎？他不是這塊料嗎？有可能。但還可能是因爲你不會教。

很多主管，自己能把事情做好，但是非常不擅長教人。他們

以「訓人」代替「教人」。

他們沒有學會一件事情——傳授。

五級傳授

傳授的本質，就是把自己的能力，複製給別人。

作為教練，進行傳授的關鍵是什麼？關鍵是傳授內容的知識含量。

讓員工看你表演一遍，這不叫教人，因為這裡面的知識含量低。

我把教練傳授內容的知識含量分成五個級別：白水級、啤酒級、黃酒級、紅酒級和白酒級（見圖3-4）。

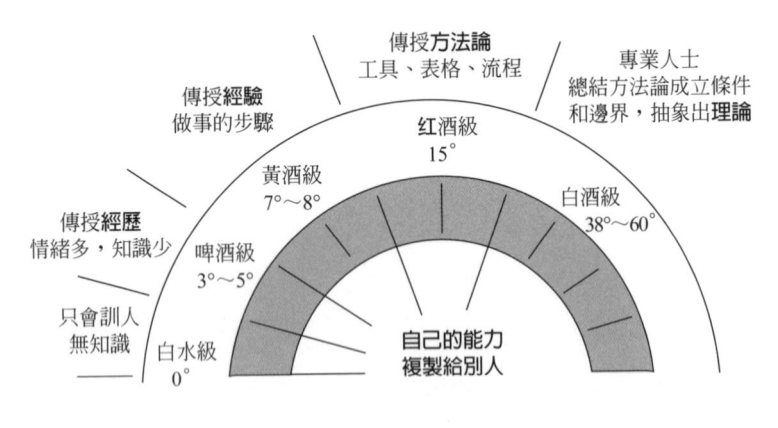

圖 3-4 五級傳授

我們一個一個來說。

第一個層級是白水級（0°）。教練在傳授的時候，什麼都沒有教，只會訓人。

「你怎麼什麼都不會？你要好好做。你再不努力不行啊。」教練的這些話沒有任何知識含量，好比一杯白水，這不叫傳授，這叫訓人。

第二個層級是啤酒級（3°～5°）。教練會傳授一定的知識，這種知識叫經歷。

教練告訴員工，自己一路是怎麼走過來的。他做員工的時候，也是天天被老闆罵，那怎麼辦？罵就聽著，錯了就改，硬扛著向前走。「當時遇到了⋯⋯能挺過來眞是不容易⋯⋯如果當初沒有某位主管的賞識，我根本不會有今天⋯⋯」。

聽經歷型的分享，員工會有共鳴，會有觸動，會受到鼓舞。人們都喜歡聽眞實的故事，喜歡那種聽完之後被某些東西擊中的感覺。但經歷中更多的是情緒，知識含量很少，就像啤酒，酒精濃度低，有效成分很少。

員工聽完之後再回味一下，好像除了類似「遇到困難，不怕困難」、「堅持到底，就能勝利」這樣的奮鬥精神，就沒有什麼了，眞正能夠拿來應用的東西很少。大部分員工所收穫的只有當時的觸動，然後就沒有然後了，工作也不會發生改變。

第三個層級是黃酒級（7°～8°）。經歷被提煉之後就是經驗，經驗好比黃酒。教練會告訴員工，這件事能成功是因為他做對了哪幾件事，為了做對這幾件事，需要擁有哪幾種能力或者資

源。經驗就像是黃酒，是值得員工坐下來一小口一小口品的，它的酒精濃度比啤酒要高。

第四個層級是紅酒級（15°）。教練傳授給員工的是比經驗更加濃縮的知識，也就是方法論。教練除了會總結出重要的原因，還會把原因鋪陳在時間軸上變為步驟。比如，我們能夠做成功大概有哪幾個重要的原因，關鍵步驟有哪些，員工按照順序來做，基本上會得到同樣的結果。同時，教練還會傳授員工需要的工具，比如績效考核表等。

方法論包含步驟和工具。有了步驟和工具，這件事情就直接可操作了。這意味著員工找到了主管成功路徑上的每一個腳印。

第五個層級是白酒級（38°～60°）。酵母菌把糖分轉化為乙醇，是釀造發酵酒的關鍵，一旦酒精濃度高過 16°，就足以殺死酵母菌，所以發酵酒最高就到 16°。那怎麼會有 45° 的白酒呢？高度白酒是用蒸餾等方法歸納出來的。理論是高濃度的知識，公司內部通常是提煉不出來的，只有專業人士才能抽象出理論，就像高度白酒，必須經過特殊方法歸納才可以獲得。

為什麼這麼說？公司自己總結方法論的時候，因為身處的環境不夠複雜，經歷的各種情況不夠多，樣本數太少，很容易忽視方法論成立的條件和邊界。條件就是在什麼情況下它成立，邊界就是超出什麼範圍它不成立。真正的專家能在更大的案例庫（樣本數）中總結出條件和邊界，提煉出真正高濃度的知識，也就是理論。

傳授的知識濃度越高，員工學到的東西就越多，當然員工的耐受度要高，他得能「喝紅酒」或「白酒」，也就是他能聽得懂方法論或理論。所以對不同耐受度的員工，要傳授他不同層級的知識。

很多人傳授的知識含量低，這是因為他不懂自己「懂」的東西。很多主管沒有好好提煉自己當初做優秀員工時的能力和經歷，所以他教不會別人，也就不能成為一個好師傅、好教練。

提煉三部曲

那怎麼才能讓員工懂自己「懂」的東西呢？

有三個步驟，我稱之為「提煉三部曲」，即經歷經驗化、經驗方法化和方法理論化（見圖3-5）。

・經歷經驗化

主管給員工講自己的經歷，就是把整件事情不加篩選、不加解釋、不加刪除地講一遍，中間有很多是情緒，甚至有些是添磚加瓦。所以聽完經歷之後，員工往往只有一種感覺——主管好厲害。個別員工孺子可教，聽完主管的經歷後能舉一反三，提煉出好東西，但大部分員工是沒有能力去提煉的，這就需要主管學會怎樣去教別人。

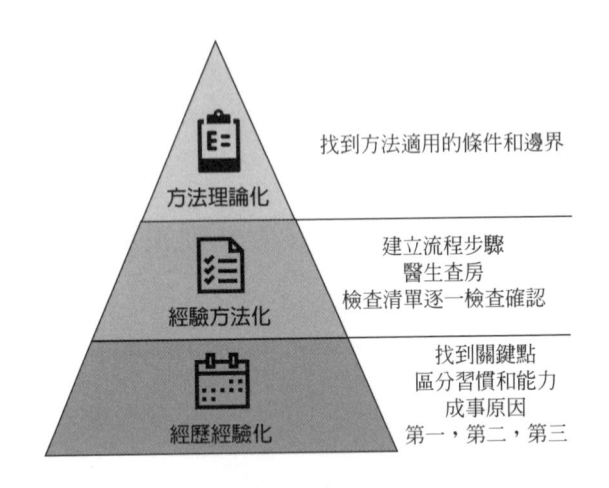

```
         方法理論化
    找到方法適用的條件和邊界

         經驗方法化
    建立流程步驟
    醫生查房
    檢查清單逐一檢查確認

         經歷經驗化
    找到關鍵點
    區分習慣和能力
    成事原因
    第一，第二，第三
```

圖 3-5　提煉三部曲

　　主管要告訴員工，他把這件事做成，主要是這麼幾個原因：第一是什麼，第二是什麼，第三是什麼。這就是把經歷經驗化。這樣，員工就會知道，原來做好這件事本質上就是做好這三點。

　　經歷經驗化，核心是找到關鍵點。

　　有一次我和一位計程車司機聊天，他說自己跟很多人學到了很多東西，比如有個大廚告訴他怎麼做酸辣湯。大廚說，關鍵是最後那把白胡椒麵。他恍然大悟，回去一試，果然如此。這表明這是位真正的大廚，他找到了問題的關鍵點。

　　特別要提醒的是，要注意區分習慣和能力。比如，你輔導別人寫一篇公眾號文章，你告訴他，這個地方用這個詞比較好，其實未必，這只是你的個人習慣。再比如，穿西裝見客戶以表示尊

重，這屬於溝通的能力，但如果你說見客戶一定要穿黑皮鞋，不能穿白皮鞋，這時候你是把自己的習慣當成了成功所需的能力。

區分習慣和能力，是主管把經歷經驗化時要注意的問題。

・經驗方法化

要把經驗提煉成方法，關鍵是建立流程步驟。比如，醫生在查房的時候會拿著一個本子，本子上有第一、第二、第三等事項。這叫檢查清單（check list），這說明醫生已經把查房這件事變成流程步驟，形成一個方法論了。管理食堂的食品安全，也可以設計流程步驟，比如每天早上檢查記錄表、驗貨表、麵點領用登記表、餐具消毒表、農殘檢測表、餐前檢查表、留樣記錄表、食品檢驗安全證書等。

再來看銷售這件事要怎麼教。你不能對員工說，要多跟客戶聊天、多用心。因為多跟客戶聊天、多用心這種事是教不會的，它們其實是「心法」，你必須把它們變成「劍法」，「劍法」包含具體的招式。「心法」是靠自己領悟的，招式才可以透過學習獲得。那你怎麼把多跟客戶聊天、多用心變成「劍法」呢？

有一個銷售方法論，它把銷售工作拆分成了九步。第一步是你一定要跟客戶的採購決策者和技術決策者建立聯繫。這意味著你要知道他們的名字，有他們的手機號碼，加過他們的微信，做到了這些，你可以認為銷售這件事你已經完成了 20%。第二步是給客戶講 PPT，介紹公司的產品或方案。如果講過了，那太好

了，銷售這件事你已經完成了 40%⋯⋯每一步都是具體、可操作的。

很多人認為，銷售工作是無法流程化的。當然不是。你只是沒有認真提煉過。沒有經過總結和提煉的成功，就是玄學。有了步驟，就意味著我們把銷售這件看上去挺神祕的事情也方法化了，大家的經驗被提煉成了方法。

・方法理論化

方法理論化這件事主要由專家來做，核心是找到方法適用的條件和邊界。任何理論都有其適用的條件和邊界，即便是牛頓三大定律這麼厲害的理論，到了微觀領域也要失效。

我常說，世界上所有的方法論都是有毒的。為什麼？同一個方法論在這種情況下特別有效，就一定會在某些情況下完全失效，因為條件和邊界變了。

先說條件。

比如，一家公司用抽成制來激勵員工，你的銷售額有多少，我就分給你百分之幾的提成。幫公司賣得越多，自己掙得就越多，大家都跟打了雞血一樣拚命賣貨，公司業績蹭蹭上漲。於是，這家公司的創始人就到處分享，公司就應該採用抽成制，簡單粗暴，但最有效。真的是這樣嗎？

他說抽成制最有效，這是適用於他們公司的方法，是有條件的。產品銷售的難度通常和銷量成正比，也就是說，賣得越多，

就會越難賣。在這個條件下，抽成制是對的。但如果在你的公司裡不是這樣，用戶第一年買了之後，第二年、第三年、第四年就自動續費了，後面幾年的銷售難度大大減小，這個時候你還按照同樣的比例給銷售提成，這其實就很不合理。因為後面幾年，銷售基本上沒有付出太大的努力。所以，銷售難度和銷量成正比，這是抽成制使用的條件。

除了條件，還要注意邊界。

抽成制特別有效，那有沒有失效的時候呢？在北京、上海，抽成制非常有效，可是到了成都、武漢、烏魯木齊等城市後，你發現抽成制開始失效了。公司裡優秀的人都往北京、上海跑，你讓他們去成都、武漢、烏魯木齊，他們堅決不去。為什麼？因為付出同樣多的努力，在成都、武漢、烏魯木齊的銷售業績一定不如在北京、上海高。這個時候，提了抽成制的邊界。那這個時候應該怎麼辦呢？你可以針對每個城市設置合理的銷售目標，讓員工根據目標去拿獎金，而不是根據銷售額去拿提成。

所有的經驗、方法論都是有條件和邊界的。很多創業者會因為自己遇到過的事情不夠多，想不到這些條件和邊界，也就無法將經驗和方法論歸納成理論。這個時候，就需要具備商業系統知識的專業人士來幫他做歸納，找到條件和邊界，將經驗和方法論歸納為理論。比如著名的管理學大師彼得·杜拉克，其實他一輩子都沒有直接管理過大型公司，但是很多著名的企業家，如奇異公司的前CEO 傑克·威爾許，都尊稱杜拉克為老師，為什麼？

因為杜拉克熟知所有的管理學知識，他能找到條件和邊界，將經驗和方法論變成理論。

增加了條件和邊界，專家會把你的方法論放到一個更大的模型裡面。比如，前面講的銷售。

下面來看兩個將經驗和方法論變成理論的例子。

門店怎麼才能賺到錢？核心是「坪效＞租金」。這叫方法理論化，因為不管是對咖啡館、火鍋店還是小龍蝦店，它都適用。對於互聯網公司，核心是「人效＞薪水」，因為人是它的核心成本。公式思維是方法理論化的一個重要工具。

小結

傳授的本質，是把自己的能力複製給別人。我們把教練的傳授分為五級：白水級、啤酒級、黃酒級、紅酒級和白酒級。

那教練怎樣傳授才能讓員工懂自己「懂」的東西呢？有三個步驟：先將經歷經驗化，再將經驗方法化，最後在專家的幫助下實現方法理論化。

教練要注意一點，不要把自己的習慣當成能力傳授給別人。這就相當於不能把啤酒裡的糖當成酒精，真正有價值的是酒精而不是糖。

這些概念是層層遞進的，構成了把事情做得更漂亮的過程。

> 很多事情，我們只要多做一步，就能得到很大的成長。既然已經寫了週記，為什麼不總結經驗，去做一場分享？既然知道有做得不足的地方，為何不去覆盤，總結出方法，下次把它做得更好？

學員案例與感悟

晏娜：我其實一直都明白一個道理，她們知道的資訊、聽過的案例都不如我多，有時候她們看不懂、不重視、不理解我的安排，其實是很正常的。但是我的內心往往還是會感到很悲哀，產生她們跟我沒辦法溝通的沮喪念頭，這時我很容易不耐煩，說話傷人。現在我知道了，這是我自己的無能之錯。她們犯的錯是無知之錯，是不知道；而我是知道，但是能力不足，沒辦法準確地把經驗和方法傳授給她們。

鳴人：週記、分享、覆盤，經歷、經驗、方法、理論，這些概念是層層遞進的，構成了把事情做得更漂亮的過程。很多事情，我們只要多做一步，就能得到很大的成長。既然已經寫了週記，為什麼不總結經驗，去做一場分享？既然知道有做得不足的地方，為何不去覆盤，總結出方法，下次把它做得更好？

> 任洋：主管的親身經歷畢竟是有限的，他不可能對每件事都足夠熟悉，都能提煉出經驗和方法。團隊能力的提升還是得靠團隊成員之間互相學習，主管得讓他們都學會怎麼去教別人，這樣團隊就會不斷擁有更多的方法，自然就更強大了。
>
> 小光：即使是諮詢公司的老闆、合夥人，每年也是要寫報告的，這是基本功，不能廢。同理，銷售總監也是要拜訪客戶的，技術總監也是要寫程式的。如果主管只會坐而論道，就沒辦法對員工進行指導了，下屬是不會服你的。很多主管，只有一個虛無縹緲的想法，只交代下屬一些「方向性的高論」，全然不思考做成這件事的可行性方法。如果事情辦砸了，他們只會責備下屬。把任務拆解清楚，用合理的方式幫助員工理解任務的意義以及實現任務的方式，是主管者最基本的責任。

培訓：突破團隊的能力天花板

你聽了《5分鐘商學院》課程，忍不住感慨：哇，這麼好，太有價值了！你想要把它推薦給朋友，但轉念一想：我的員工也要學，得提高他們的水準啊！於是，你就自己出錢買了《5分鐘

商學院》課程，送給每一個員工。

過了一段時間你問他們，學得怎麼樣啊？得到的回饋都差不多：主管，我很忙，還沒怎麼學。你一聽非常生氣：我也很忙啊，我不也在學習嗎？

過了一段時間你又問他們好好聽了嗎，發現他們還是沒有好好聽。你更生氣了：我送給他們，他們都不好好學，這些人怎麼這樣啊，還有一點學習精神嗎？真是沒救了。算了算了，學習是他們自己的事情，以後我再也不管員工培訓的事了。

請問，出現這種問題，是誰的錯？是員工的錯嗎？

你可能會說，成長是每個人自己的事情，員工不好好參加培訓，當然是員工的錯。遇到扶不起的阿斗，主管不必硬扶。

這樣想對嗎？這樣做對嗎？我們來聊聊這個事。

突破團隊的能力天花板

有些能力可以透過傳授獲得，還有些能力則很難準確提煉並傳授，比如基於價值的銷售、股權分配之道、搭建考核體系，以及談判技巧和演講能力，這些不是主管根據自己的經驗就能總結出來的。

有些知識可以透過「做中學」總結出來，還有些知識則是從實踐中總結不出來的，比如「4P 理論」、「交易成本」、「三級價格歧視」，這些術語一聽就不是主管自己能總結出來的。

「做中學」和傳授，雖然可以顯著提升團隊的能力，但是很難使團隊的能力水準超越團隊現有的最高水準。比如，大家都跟主管學銷售，那主管的水準就是團隊最高的銷售水準。這個「團隊現有的最高水準」，就是團隊的能力天花板。

一旦有能力天花板，團隊的業績就會有瓶頸；一旦業績有瓶頸，公司就沒法持續壯大，而你作為主管，地位就有危險。你說，員工不喜歡培訓，是誰的錯？團隊有能力天花板，是誰的錯？

當然是你這個主管的錯！從個體利益最大化的角度出發，誰的損失最大，就是誰的錯。

那怎麼辦？

作為一個新任主管，你必須正確理解培訓，以及正確地管理培訓。

正確理解培訓

什麼是培訓？

培訓，就是從團隊外部獲得不可能內生，或者內生速度太慢的知識、技能或態度，從而突破團隊的能力天花板。聽上去培訓很重要，但是確實有很多公司不喜歡培訓，也有很多員工不樂意接受培訓。

為什麼？

因為對於培訓，人們有兩種理解：站在公司的角度，叫培

訓，是要花錢的；站在員工的角度，叫學習，是違背人性的，大家都不喜歡。公司的想法是：指不定明天公司就倒閉了，哪來閒錢搞培訓啊？員工的想法是：參加什麼培訓啊？我每天都忙成這樣了，如果不減工作量，還在工作時間搞培訓，那晚上我得加班；如果週末要參加培訓，那我連私生活都沒了。

大家都不喜歡培訓，但培訓能讓團隊獲得無法內生的知識、技能或態度，能提升團隊明天的業績。明天的業績有「滯後效應」，具體來說，長期個人受益，中期公司受益，短期無人受益。所以很多人不喜歡培訓。

那怎麼辦？作為一個優秀的主管，為中長期的發展考慮，你要學習國民教育的理念。接受教育既是公民的權利，也是公民的義務；同理，接受培訓既是員工的權利，也是員工的義務。

我在微軟時，公司給我們定的考核指標中有一項很重要，就是每年要參加不少於多少小時的培訓。如果這個指標任務沒完成，年終考核就不達標。這樣做的理論依據是平衡計分卡模型。這個理論強調，管理者不但要看員工的後置的財務指標，還要重點關注員工的前置的學習成長指標。

正確管理培訓

關於如何正確管理培訓，新任主管要做好三件事：正確認識培訓的價值、善用資源，以及建立自律＋他律的學習型團隊（見圖3-6）。

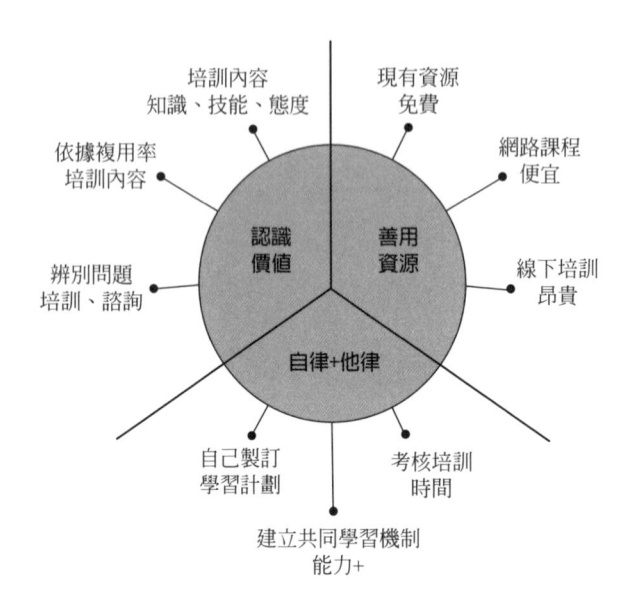

```
                    培訓內容        現有資源
                  知識、技能、態度    免費
          依據複用率  •      •    •  網路課程
           培訓內容  •                • 便宜
                      認識    善用
                      價值    資源
          辨別問題  •                • 線下培訓
          培訓、諮詢  •              • 昂貴
                        自律+他律

             自己製訂          考核培訓
             學習計劃          時間
                  建立共同學習機制
                      能力+
```

圖 3-6　正確管理培訓

· **正確認識培訓的價值**

要正確認識培訓的價值，首先要明確培訓內容可以分為三類：知識、技能和態度。

知識培訓是指講解「機率論」、「4P 理論」等理論，它們對完整地認識和分析事物很有幫助。技能培訓是指培訓演講技能、談判技能等技巧和能力，技能培訓需要大量地訓練。態度培訓是指塑造正確的價值觀，說明如何做正確的事、如何合作、如何利他等，比如十幾年前我接受的培訓——學習《高效能人士

的七個習慣》。

很多人說培訓往往不能真正落地，沒用。什麼叫「能真正落地」？所謂能真正落地，就是指培訓能見到效果。技能培訓通常被認為是最容易落地的，知識培訓是中期見效果，態度培訓是長期見效果。這三個方面，大家都要重視。

我在《底層邏輯 2》中分析過一個問題：對一個人來說，是能力更可塑，還是態度更可塑？當然是能力。人與人之間，當下的能力水準也許是有差別的，但是能力天花板的差異卻不大。而且，大部分人離自己的能力天花板通常還很遠。從這個角度來說，一個人只要態度好，能力就是可塑的。但是態度就不一樣了，決定一個人態度的價值觀、德行等是由過去的人生經歷塑造的，一旦形成閉環[12]，往往難以改變。除非遇到重大的人生變故，撞了南牆[13]，被社會毒打了，否則大部分人都會一直固守自己的信仰、價值觀和思維習慣。與能力相比，態度的可塑性較差。如果主管或主管本人非常注重培訓效果，那麼，能力培訓的比重可以增加。

其次，要根據留職率決定培訓內容。

很多公司不願意培訓，是因為好不容易培訓完員工，能力提高了，他們卻走了，不如不培訓。這涉及「留職率」，留職率跟

12　完整的閉環有「感知──認知──決策──行動」這四個動作。──編者注
13　源自於「一頭撞倒南牆」，比喻固執不知變通。《醒世姻緣傳》第九六回：「凡事隨機應變，別要一頭撞倒南牆。」──編者注

員工的穩定性有很大關係，員工越穩定，他參加培訓之後留在公司的時間越長，給公司帶來的價值就越大。如果你覺得這個員工待不長，可以培訓他的技能；如果你覺得這個員工待的時間會比較長，可以培訓他的知識；如果他待的時間會很長很長，你可以培訓他的態度。

最後，要分清楚哪些問題需要透過培訓解決，哪些問題需要透過諮詢解決。

這要求我們正確認識培訓和諮詢的差別（見圖 3-7）。培訓的內容是哪些容易習得、高頻使用的技能或知識，比如銷售技巧，學習難度不高，天天都會用到。那些很難習得、低頻使用的技能適合透過諮詢獲得，比如戰略制定，這種能力很難培養，同時一年就用一兩次，那不如請外部顧問或諮詢公司。至於那些容易習得、低頻使用的知識或技能，比如清潔和保全的工作，則適合外包，找專業公司來搞定。很難習得、高頻使用的知識或技能，比如資本運作，適合讓獵頭幫忙找到專業人才加盟公司。

從共性和個性的角度來看，培訓課程通常有一定的通用性和複製性，適用於大多數企業或個人的共性問題或需求；諮詢有較強的針對性和個性化，根據不同企業、不同部門的規模、模式、文化、階段、環境等因素，提供定制化服務。

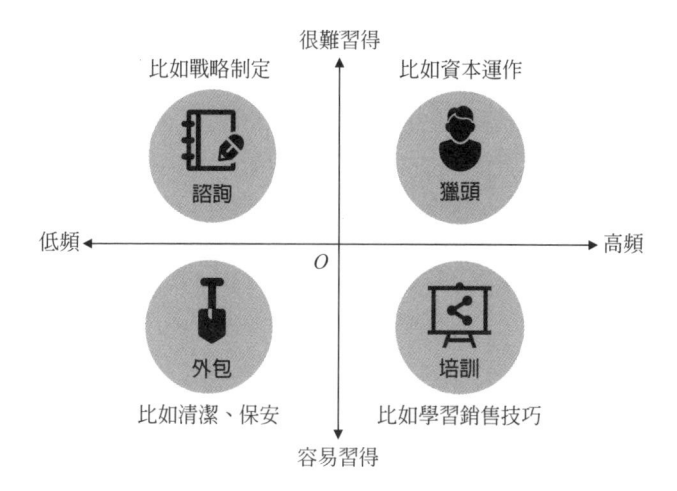

圖 3-7　正確認識培訓與諮詢的差別

· **善用資源**

作為主管，你無法改變公司的培訓體系，但是可以在權力範圍之內善用資源。

第一種，充分利用大量的免費資源。我比較推薦的是 TED 演講，以及美國 Coursera 平臺[14]上的內容。現在 B 站[15]上也有大量免費的高品質內容可以學習。

第二種，充分利用需要付費但其實很便宜的網路課程資源。比如我線上下講課收費是較高的，但我在得到 APP 上的網課《5 分鐘商學院》只要 249 元，這是因為互聯網的使用者規模巨大，

14　https://www.coursera.org/
15　https://www.bilibili.com/

大家均攤成本，就把貴的內容變便宜了。用戶付的錢可以少很多，但我的收入並沒有減少。

這裡我給主管一個建議，千萬不要直接買課送給員工。我們公司的政策是，員工在得到 APP 上自己買課程學習，公司報銷一半。報銷時，需要提供學完課程的電子版證書。因為只有自己花了錢，人們才會學得更認真。你也可以據此觀察哪些員工更熱愛學習、更值得培養。

第三種，充分利用傳統的線下培訓資源。線下培訓通常收費很高，因為它完整地佔用了講師的時間，那怎麼辦呢？首先，主管要用好公司現有的培訓資源。如果正在推進的專案與公司的培訓時間衝突，那麼主管不能短視，要抽出時間讓員工參加培訓，因為線下培訓很貴，一旦錯過可能就沒機會了。

其次，主管要發掘公司潛在的培訓資源，邀請公司裡的財務專家、專案高手等內部人才為自己的團隊講課。

最後，主管要把部分獎金換為培訓資源，比如拿出部分獎金派人去聽講師的線下大課，回來之後跟大家分享。

· 建立自律 + 他律的學習型團隊

一部分積極上進的員工，會自己制訂學習計畫，這就是典型的自律。

但不是每個人都愛學習，所以主管需要引導員工學習，或者說建立他律機制，這也顯現了接受培訓作為員工義務的一面。

怎麼實現他律呢？可以鼓勵共同學習。

有一位一直在學習《5分鐘商學院》的創業者，把公司做到了30億元的營收規模。他讓公司的幾十個高管都買了這門課，並建了微信群，鼓勵大家共同學習，每天學一課。作為老闆，他每天帶頭髮500字以上的學習筆記，引導學習、互相帶動。這就是一種不錯的他律形式。

小結

新任主管往往都希望充分利用員工的時間，儘快創造價值，但是我們要思考一個問題：我們是想用員工的時間賺錢，還是想讓員工的時間更值錢？這中間需要一個平衡。讓員工的時間更值錢的一個好辦法就是培訓。

什麼是培訓？培訓就是從團隊外獲得不可能內生，或者內生速度太慢的知識、技能或態度。培訓是突破團隊的能力天花板的工具。

那該怎麼做呢？第一，要正確認識培訓的價值；第二，要善用資源；第三，要建立自律+他律的學習型團隊。

一個人的成長模式是，70%來自工作學習（做中學），20%來自與他人的互相學習（傳授），10%來自正式學習（培訓），如圖3-8所示。主管不斷使用這三種方法，員工

能力有很大的機率能提升,團隊能力也會因此提升。

圖 3-8　成長模式

成長

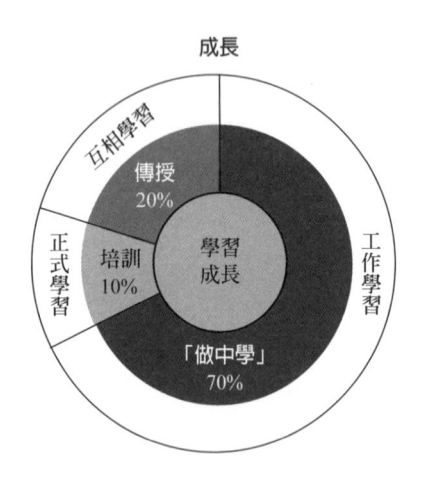

互相學習　　工作學習

傳授 20%
培訓 10%
「做中學」 70%
學習成長

正式學習

學員案例與感悟

張康：請外部專家做正式培訓,往往都是為瞭解當前公司存在的最大問題。比如,如果大部分員工都是來公司 1～2 年的或者 5 年以上的,2～5 年的很少,公司留不住人,那麼正式培訓就和團隊管理、團隊激勵甚至組織結構有關；如果公司內部總是溝通不暢,隔段時間就有不同部門的人大聲互懟,那麼正式

培訓就和情緒控制、溝通力有關。

哪怕無法取得公司支持去請外部專家給我們部門做正式培訓，我也會試著邀請同行大咖抽時間來給我們講講。特別是那些當前咖位還不是很高，但會在網上持續更新專欄的人，他們應邀來培訓，既鍛鍊了自己的演講水準，也提升了知名度和美譽度。對我們來說，也能夠透過對方的培訓，對自己的知識體系進行查漏補缺。

航哥很帥：最近我們公司組織了專門針對基層主管的培訓，一開始我不太願意參加，因為我已經線上學習了一些優秀的網路課程，覺得再去培訓也學不到什麼新東西。但去了之後我才發現自己的想法是多麼愚蠢，培訓課程非常充實，老師的講課水準很高，而且有現場的案例教學，小組成員可以一起討論解決辦法，這和在手機上聽音訊、看文字完全是兩種不同的體驗。最關鍵的是，我深度參與了培訓，不僅做到了課後總結和覆盤，而且積極完成了老師留下的作業，對自己的團隊做了深入的分析，可以說是受益匪淺。

我在此想說的是，如果真的有機會參加由公司聘請的專業機構開展的培訓，一定要把握住。不僅要參加培訓，而且要深度參與培訓，最關鍵的是培訓完一定要複習、總結，並積極使用學到的理念和方法，這樣一定會讓自己收穫滿滿。

> 任洋：我們團隊的硬技能經過不斷培訓，有了較大提升，但軟技能這方面還存在比較大的短板，尤其是溝通、理解、表達等方面。如果與硬技能相匹配的軟技能得不到提升，那麼方案的執行和運作仍然會存較大的障礙。

換單位：不要把鐵杵磨成針

有個員工在公司銷售部做業務主管，你發現他總是和客戶溝通困難，客戶不信任他。我們經常說，買東西這件事其實看的是人，對人的信任感是非常重要的。但任憑你怎麼培養，始終看不到這個員工在客戶溝通方面的進步，年終的業績也不行，怎麼辦？

是繼續培養嗎？可是「做中學」、傳授和培訓都試過了，他都沒有明顯的提升。

去除 C 類員工

按照員工的業績表現，公司的人才可以依次分為 A、B、C 三類，他們都需要主管大力培養嗎？其實主管不需要培養每一個員工。因為主管真正的任務是提高團隊的總體能力水準，而不是

提高每一個員工的能力水準。

這兩者之間有什麼差別？團隊的總體能力不等於現有個體能力的總和，因為團隊是無法換的，但個體卻是有辦法換的，你可以重新調配。如果有的員工不行，你可以透過替換掉他來提高團隊的總體能力水準。還有一種調配方法是，如果有員工的位置不對，你可以給他換個位置，透過換單位來實現團隊佈局的改善，在每個人的能力水準不變的前提下，團隊的總體能力水準也能得到提高。

我們來看一個案例。阿里每年都要做一次人才盤點，對人才進行分類。它跟奇異公司學會了這套「271」邏輯：20% 的 A 類人才、70% 的 B 類人才和 10% 的 C 類人才。

這在任何公司都是客觀存在的一個規律。20% 的人是非常優秀的，他們不需要激勵，或者被激勵得很好了；他們的能力也很強，你告訴他們要做某件事，他們自己就能完成了。70% 的人是中間水準。還有 10% 的人，你給他們同樣的任務和激勵，他們的業績始終是很差的。

人才分類之後，要遵循一個基本的規律：重用 A 類員工，培養 B 類員工，去除 C 類員工（見圖 3-9）。「做中學」、傳授和培訓，這三件事其實都是在培養 B 類員工。B 類員工是可以培養的，不要把精力花在把 C 類員工變成 B 類員工上，但可以把精力花在把 B 類員工變成 A 類員工上。

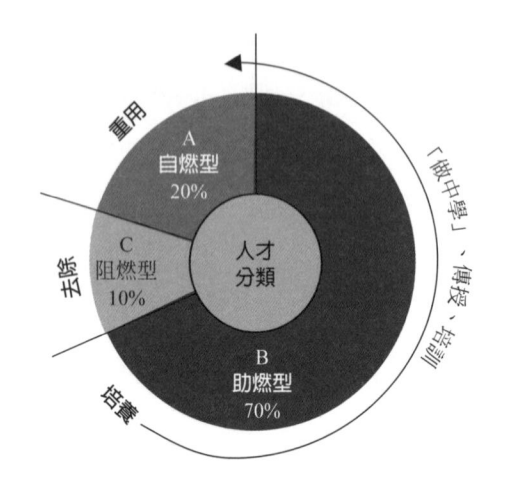

圖 3-9　人才的分類及培養

那麼，如何去除 C 類員工呢？換單位或者替換。這一節我們先來講換單位的邏輯和方法。

用對人重於培養人

關於用對人，主管要認識到以下三件事（見圖 3-10）。

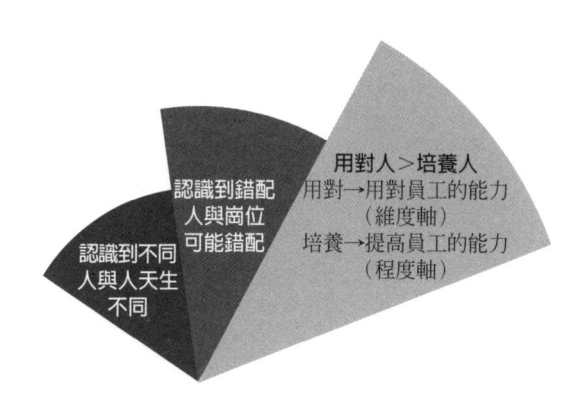

圖 3-10　用對人須認識到三件事

·要認識到人與人天生是不同的

這種不同不是顯現在程度上，而是在維度（dimension，也譯成次元）上。一件事你能做到 8 分，我能做到 7 分，這是程度上的差異，有優劣之分。而維度上的差異則沒有優劣之分，比如我長得高，擅長打籃球；你爆發力強，適合短跑；他耐力強，適合長跑。

那怎麼去識別人與人的不同呢？梁甯老師說過，一個人的痛苦所在往往也是他的天賦所在，因為他對卓越的執著讓他不滿足於一個差的結果。「兩句三年得，一吟雙淚流」、「吟安一個字，撚斷數莖須」，擅長寫詩、熱愛寫詩的人才會有這種痛苦。同樣，一個人的樂趣所在也反映了他的天賦所在，因為他享受做這件事的過程，容易進入全神貫注的心流狀態。像那些大學者、大作家、大科學家，他們往往活到老、工作到老，因為他們捨不

得割捨這份快樂。主管觀察員工平時的苦與樂，可以大致看出他們的不同。

學術界開發了一些用於識人的工具。比如 MBTI，是用來分析性格的工具。我在 2005 年接受過 MBTI 測評，我的測試結果是 ESTJ，解讀是比較適合做總經理。果然，我今天創業了。

你可以把這理解為是基於大數據的科學式「算命」。如果你真想測評，建議去正規機構。網上的一些免費測評，可能會專挑好聽的說，不然，你就不會轉發和分享了。

除了 MBTI，還有一種工具叫 DISC，也是測試人的性格特徵的工具。得到 APP 上也有專門講職業測評的課，這些都是在分析人與人之間的不同。

・要認識到人與職位可能是錯配的

為什麼會這樣？因為面試者會儘量展現出自己與這個職位是很匹配的，而你又著急招人，就把他招進來了。要記住，在你很著急招人，而面試者又有很強烈的渴望得到這個職位時，你們彼此間認為的匹配度很有可能是被高估的，甚至很有可能出現錯配。

這種錯配可能源於招聘過程中你未必意識到的問題。

比如，招聘時，可能因為首因效應[16]、光環效應[17]、近因效應[18]，你對候選人做出錯誤的評估，招進來面試技巧 100 分、實際能力 50 分的「顏霸」：靠自己的主觀感覺，而不是按照職位說明書中的任職要求，招進來一些感覺不錯，實際不能勝任職位的員工；靠主管拍腦袋，而不是依靠嚴謹的面試流程，招進來主管喜歡，但是團隊裡不需要的員工；聽從貌似閱人無數的主管的意見，而不是受過訓練的面試官的意見，沒有考查一些非常關鍵的技能。

另外，即便大幅改進了招聘流程，人職不匹配依然可能存在。幾小時的面試判斷，相比於幾個月的試用評估，還是太倉促了。主管可以嘗試對員工進行換單位，以此確定他們適合做什麼。要允許員工在公司內部自由「遷徙」，以減小他們去外部尋求機會的動力。對很多人來說，他們今天正在從事的職業，可能源自一個又一個冒失的偶然，並不是他們最擅長的，更不一定是他們最想要的。

· 要認識到用對人比培養人更重要

培養人是提高員工的能力（程度軸），用對人則是用對員工

---

16 首因效應是一種心理學現象，指的是個人在接收到一系列資訊時，更容易記住最早接收到的資訊，而忽略或遺忘後續接收到的資訊。——編者注
17 指如果我們信任某個人，就會有較高的機率願意信任跟他有關的另一個人、產品、服務或任何東西。——編者注
18 指當一個人試圖記住一系列訊息時，他們更容易記住最後接收到的信息，而不是中間或早期接收到的信息的現象。——編者注

的能力（維度軸），比如溝通能力和決策能力就屬於不同的維度。維度錯了，程度再對，意義也不大，所以用對人比培養人更重要。

管理學大師杜拉克有一個理念，管理者的任務不是去改變人，而是知人善用，清醒地認識到每個人都是不同的，把合適的人放在合適的位置上。

衛哲原本是百安居的中國區總裁，2006 年被邀請擔任阿里 B2B 業務的總裁。儘管公司賦予了他極大的權力，包括財務審批權等，但唯獨沒有給他招聘權。衛哲覺得很不服氣，說自己過去管理過 3 萬人，也招聘過好多人，為什麼在阿里招個人都不行？彭蕾向他解釋說，那是因為他還不知道阿里要招什麼樣的人。

招人的匹配度非常重要，如果衛哲沒有老阿里人那種「聞味道」的能力，那麼他招的人可能會不匹配。所以，衛哲需要先觀察阿里的總裁、副總裁是怎麼招人的，回答阿里招人與自己過去的經驗有哪些地方一樣，哪些地方不一樣，答對了才有權力去招人。

一個新來的總裁之所以沒有招聘權，是因為用對人比培養人更重要。如果管理者都不知道自己公司的企業文化，是很難用對人的。

我們講了三件事，主管要認識到人與人是不同的，人與職位可能是錯配的，用對人比培養人更重要。所以核心邏輯是，千萬

不要把鐵杵磨成針，而是要把鐵杵變成狼牙棒。鐵杵和針是維度的不同，鐵杵有很大的品質，是用它的位能來解決問題的，而針有極細的針尖，能夠形成極高的壓強來獲得殺傷力。非要把鐵杵磨成針，聽上去很感人，實際上很傷人。

能力勝任度模型

那麼，具體該怎麼用對人呢？這裡我給大家介紹一個工具——「能力勝任度模型」，也可稱之為「技能字典」。「能力勝任度模型」，描述了從事某種工作所必須具備能力的勝任度特徵總和。

我們要知道每個職位需要的能力是不一樣的，比如有的職位需要特別強的溝通能力，有的職位需要做計畫的能力，還有的職位需要取得信任的能力，比如銷售。

正因為如此，「能力勝任度模型」的第一個要點就是把每個職位抽象為若干種能力，第二個要點是把能力細化為四個級別，並具體描述每個級別要做到的程度（見圖 3-11）。

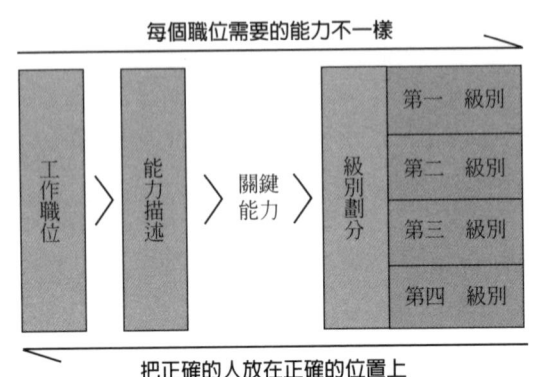

```
每個職位需要的能力不一樣 →
工作職位 > 能力描述 > 關鍵能力 > 級別劃分
  第一級別
  第二級別
  第三級別
  第四級別
← 把正確的人放在正確的位置上
```

圖 3-11　能力勝任度模型

回到本節一開始的案例，做銷售關鍵是要取得客戶的信任，以客戶為本。但是，到底什麼是「以客戶為本」？我們以這項能力為例，來講一講如何運用能力勝任度模型來分析一個員工是否真的適合做銷售這件事。

第一個級別是「承擔個人責任」：積極回應客戶的需求與諮詢，能夠迅速解決問題，表現得有責任感。

第二個級別是「滿足潛在需求」：瞭解客戶的現實與潛在需求，並提供與之相應的產品與服務。

第三個級別是「增加附加值」：付出堅實的努力，為客戶提供附加價值。這包括以長遠的眼光解決客戶問題，能夠預見客戶需求，並能提前做出調整以應對客戶滿意度和客戶需求的變化。

第四個級別是「做客戶的同伴」：主動參與客戶的決策過

程；為了客戶的最佳利益，調整組織行為；為客戶提供專業的建議。

透過對照「能力勝任度模型」提供的能力描述和級別劃分，你弄清楚了，原來你手下的員工還不具備巨大的同理心，他建立信任的能力是偏弱的。但同理心這種核心能力短時間內培養不起來，怎麼辦？還有別的什麼能力嗎？

分析能力很有用，也分為四個級別。

第一個級別是「發現根本聯繫」：迅速意識到現狀與過去形勢間的相似之處，找出直接的因果關係，得出可能的解決方案，由此做出簡單的分析判斷。

第二個級別是「發現多元聯繫」：透過問題的表面現象，發現問題的根源與發展趨勢。分析問題各部分之間的聯繫，擬定可能的解決方案。對於由多個因素決定的問題，能給出正確答案。

第三個級別是「分析多維度問題」：分析產生問題的多方面原因，必要時搜集一定時期的資訊，綜合分析。

第四個級別是「分析不明確的問題」：分析涉及多方面關係的複雜問題。必要時採取非正常途徑搜集必要資訊。將多樣的資訊資料綜合在一起以便有一個解決問題的框架。

對照分析能力的四個級別，你發現這個員工的分析能力特別強，能達到第四個級別。由此可知，這是一個建立信任能力比較弱，但是分析能力超強的人。如果繼續培養他建立信任的能力，也是可以的，但可能要花 5 年、10 年。這時你就應該把他從客

戶主管轉為定價策略分析師，這樣公司的產品定價可能會更加有效。

這就是用能力勝任度模型來解決換單位的問題。只有分析了每個職位需要的能力和每個人具備的能力之後，才能做到把正確的人放在正確的位置上。完成換單位之後，我們並不需要改變每個人的能力，但團隊的總體能力卻已經提升了。

市面上有各種「能力勝任度模型」，可以選擇合適的來使用。

小結

員工的表現可以分為 A、B、C 三類，我們應該重用 A類員工，培養 B 類員工，去除 C 類員工。不要把精力花在把 C 類員工變成 B 類員工上，而要把精力花在把 B 類員工變成 A 類員工上。

怎麼去除 C 類員工呢？有兩種辦法，一是換單位，二是替換。本節我們講的是換單位。

換單位要認識到三件事：人與人是不同的，人與職位的匹配可能是錯位的，用對人比培養人更重要。

具體怎麼用對人呢？我給大家介紹了一個不錯的工具，叫「能力勝任度模型」。再結合之前的內容，主管用人所長，

> 把員工放在對的位置之後,不能讓他一直待在舒適區,而要讓他接觸不同的任務,也就是讓他待在「學習區」,以獲得成長。

學員案例與感悟

陳小旭:我剛做組長時,由於不清楚大家的「底細」,重要的事不敢讓他們做,以至於剛開始時自己每天都很忙。相處了一段時間後我發現,他們有的人做事細膩、富有責任心;有的人頭腦靈敏,擅長搞設計;還有的人動手能力強,做表格一流。於是,我把相應的工作任務分發給了不同的員工,效果顯著,我只要做好檢查、把好關便可以。

航哥很帥:面試一個人時,我們一般只能去判斷他的業務能力,這時候 STAR(S,情景;T,想法;A,行為;R,結果)追問法就有用武之地了。如果你想瞭解某個人的能力,就要問他一個曾經解決過的具體問題,然後問清楚情景,問他當時是怎麼想的,採取了什麼行動,最後是什麼樣的結果。如果他都能很好地答出來,就證明他確實具備這方面的能力。

從貳開始:我們行政部門有一個人事助理,專門管一些雜七雜

八的事情,比如辦理團保、職業登記聯繫。她做得很用心,但是每到關鍵時刻,總是捅婁子、出問題。於是我私下找其聊天,溝通後得知,她就是因為天天做一樣的事情而感到焦慮,進而造成不好的結果。我和她溝通之後,把她調去做銷售,兩個月後,她的業績排名部門前三(一共 12 名銷售人員參加排名)。所以當員工持續提交不合格的成績時,我們要反思一下,是人的能力有問題,還是人與職位不匹配,可能職位一變,產出的價值就能翻倍。

替換:你是願意教一隻火雞爬樹,還是換一隻松鼠

提高員工個人能力有三種方法,「做中學」、傳授和培訓;提高團隊能力有兩種方法,換單位和替換。這一節我們來講替換。

我經常會被問到一個問題:「潤總,有個員工我對他特別不滿意,什麼都做不好,老是犯錯。但是如果真的換掉他,就沒人可用,其他人還不如他。工作量又這麼大,若是換掉他,這個專案就會受到很大的影響,你說我該怎麼辦?」

通常遇到這個問題，我都不會正面回答。為什麼？因為解決這個問題的最好時間不是現在，而是在 3 個月前、半年前，甚至 1 年前。現在能用的辦法，都不是好辦法。這是答案發生在問題之前的典型場景。

選擇權

會問出上述問題，本質上是因為手上沒有選擇權。但凡手上有選擇權，你就不會問出這個問題。

假如此時你手頭有一個能力合格並且非常認真、負責、積極的備選人才，你會問這個問題嗎？如果還不止一個，有好幾個人都搶著來做，你會問這個問題嗎？

你不會。你會立刻就把不合格的員工換掉。

同樣，有公眾號粉絲會來問我：「我在一家公司上班，這家公司我覺得特別不好，哪方面都不行，可是出去之後我又擔心找不到更好的工作，你說我是留在這裡呢？還是離開呢？」他問出這個問題，也是因為沒有選擇權。

所以，不管是老闆還是員工，面臨的問題的本質都是：在我沒有選擇權的情況下，如何做選擇。這本身就是個悖論。

什麼是選擇權？

當團隊績效不夠好的時候，你可以替換掉業績最差的員工，換一個能力高於團隊平均水準的人，從而使得團隊反覆運算進步。這就叫你有選擇權。

有很多樸素的管理諺語講「替換」這件事。比如，你是願意教一隻火雞爬樹，還是換一隻松鼠？再比如，扶爛泥上牆，還不如找塊磚頭來得快。還有很多老闆經常講的一句話：不換思想就換人。

主管需要瞭解關於員工流失率的基本常識，這樣有助於克服替換最差員工的心理障礙。首先，團隊不是越穩定越好，合理的員工流失率不是壞事，比如 10%，「流水不腐，戶樞不蠹」；其次，流失率有好壞之分，20% 的優秀員工離職率，是壞流失率；10% 的末位員工離職率，是好流失率。

主管的「成人禮」

替換這件事很難。

替換，就是請走一個老員工，請來一個新員工。

這兩步都很難，老員工很難請走，新員工也很難請來。

當然，更難的是請走老員工，因為有很多阻礙因素，包括業績因素和感情因素。替換掉曾經並肩作戰的老員工，是一件非常困難的事情。所以很多人寧願選擇妥協，或者將就。

這本質上是管理者的懶惰，是不成熟的表現。

所以，親手解僱一名不合格的員工，是主管的「成人禮」。

解僱「三要」

怎麼親手解僱不合格的員工呢？

教你三件事,這三件事好比是孫悟空的三根救命毫毛(見圖 3-12)。

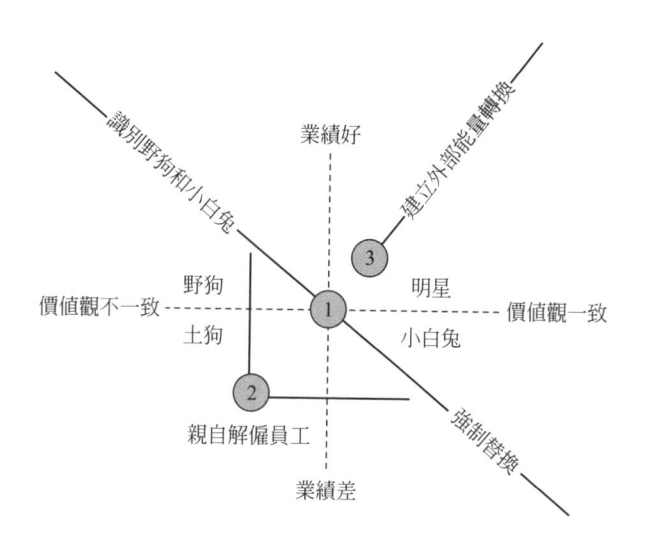

圖 3-12 解僱「三要」

· 要識別野狗和小白兔

主管不能隨便解僱人,要解僱的是屬於最後 10% 的人。那怎麼去識別這 10% 呢?阿里有個方法論,用價值觀和業績對員工進行分類,形成了明星、野狗、土狗和小白兔這四個象限。

明星:價值觀與阿里一致,業績好——堅決留住,避免流失。

野狗:價值觀不一致,業績好——儘量改變價值觀。

土狗:價值觀不一致,業績差——堅決不讓進入團隊。

小白兔：價值觀一致，業績差——替換掉小白兔。

在阿里，價值觀無法改變的野狗和業績持續很差的小白兔，都是要清除的。

業績差要清除好理解，價值觀有問題為什麼是很嚴重的事？因為少量的「污水型」員工，可以傳染整個公司。污水和酒的比例並不能決定這桶東西的性質，真正起決定性作用的是那一勺污水，只要有它，酒的比例再高，整桶也是污水。

管理者應當給企業安裝一個淨水器，過濾負能量的、雙面的和玩世不恭的人。一個企業一旦有 15% 的污水型員工，這個企業就非常危險了。如果沒有辦法全部清除，污水的比例一定要控制在 10% 以內，並隔離或限制使用，適時地清除 5% 最具負能量的員工。

但困難在於，對於清除野狗，主管是往往捨不得的，因為野狗創造了實打實的業績，「21 世紀最寶貴的是人才」；對於清除小白兔，主管是不忍心的，因為小白兔價值觀沒問題，人很善良，大家感情很好。

那怎麼辦呢？阿里會做人才盤點，連續兩年價值觀或者能力有問題的，屬於最後 10% 的員工，公司規定強制替換，以此避免主管不捨得或不忍心。

‧要親自解僱員工

主管不要請人力資源部去解僱員工，自己的員工要自己親自解僱。因為大家不會記住在公司工作的每一天，但一定會記得離開的那一天，會記得每個細節。這些細節，對他自己、對公司，影響都極其巨大。而且員工也會想，你有勇氣歡迎我來，也要有勇氣親自讓我離開。除此之外，還有幾個原因。

第一個原因，因為這很難。很多主管懼怕和員工面談解僱的事，但反過來說，正是因為很難，他們才會更慎重地對待解僱。

每個人都有一顆自尊的心，背後甚至有個需要照看的家庭。你深入瞭解後，可能會覺得下不了狠心。所以，只有親自面對困難，才會讓你慎重做出決定，你得有讓自己和員工都能服氣的理由和證據，而不是全憑一時的意氣。親自解僱的困難，也提醒你平時就要告訴野狗和小白兔，他們的價值觀或者業績不行，而不是最後才給他一個驚訝。

第二個原因，親自解僱是要給對方一個泄壓的機會。當面談清楚，讓對方把情緒在你面前排解掉，可以降低對團隊其他成員的影響。因此這次面談非常重要，它可以幫管理者多一個朋友，少一個敵人。

當你真的具備了紮實的合情合理合法的解僱員工的理由，並且是按照員工過去知道且認同的規則進行解僱的，那麼這個時候他雖然痛苦，但只能心服口服，甚至會歎一口氣，覺得沒什麼好

爭辯的。他所有可能的怨氣都會在這次溝通中被釋放掉，一旦釋放掉之後，他就不會傳播負面情緒，影響團隊的士氣。

一次好的離職面談，是面向未來，建立兩人之間的新關係。另外，人之將走，其言也真，樂於傾聽的管理者，能夠借助離職面談瞭解公司的問題及自己的不足。

第三個原因，親自解僱是主管必須完成的「成人禮」。當你真的面對對方的恐懼，面對對方的憤怒，面對對方的失望甚至絕望時，能夠溫柔而堅定地說出解僱對方的決定，給出紮實的理由，並從感情上給對方以慰藉，這說明你已經完成了一場真正的「成人禮」。

馬賽人以殺死一頭獅子作為成人禮。親自解僱員工，就是主管「獨自殺死一頭獅子」，這頭獅子是對解僱員工的恐懼，以及對解僱員工的傲慢。所謂傲慢，是認為自己沒有紮實的理由，也可以隨便解僱員工。所謂溫柔而堅定的力量，就是殺死自己心中的那種恐懼和傲慢。這個時候，主管就會明白，什麼叫「慈不掌兵」，什麼叫「揮淚斬馬謖」。

矽谷著名企業家本・霍洛維茲（Ben Horowitz）建議管理者：在員工離職那天，幫他把東西搬上車，讓他知道你的感激和心意。

最後再講一個小問題：是溝通後讓員工主動辭職，也就是勸退，還是直接解僱？這是法律問題，也是成本問題，是需要考慮的，但最重要的是必須替換。

·要建立外部能量轉換

作為主管,任何時候都要有意識地培養任意職位都能夠替換的明星員工,任何員工的勸退、離職都不會影響團隊的戰鬥力。這樣才有「外部能量轉換」,也就是有選擇權。

Google有一個有趣的指數叫「撞車指數」,是指當你們團隊中出現幾個人因為撞車等交通意外上不了班時,你們團隊將無法正常運轉。如果撞車指數是1,就是說你們團隊中的任何一個人不在,團隊就無法正常工作,這就形成了單點,對團隊來說風險是很高的。如果撞車指數是3或5,風險就小得多,當然與此同時團隊為此付出的成本也很高。

這就是所謂的備胎理論,你有四個輪胎,那你準備幾個備胎是比較合適的?準備四個備胎,那自然是最安全的,但成本很高,所以一般大家只會準備一個備胎,並會認為這是不錯的選擇。

有了備胎,爆胎的時候才不慌,才能保持「外部能量轉換」。那麼,怎麼準備備胎呢?有以下幾個建議。

一是不管每個職位是否滿員,主管都要跟人力資源部溝通,大量地去看簡歷,保證能隨時招人進來。

二是招聘兼職或實習生,或找外部的人做臨時專案,這能讓主管接觸到外部的優秀人才。

三是對於有資源的公司、團隊,甚至可以做「緩衝式招

聘」，設置 1～2 個冗餘職位，相當於打籃球有板凳隊員，在場上隊員出狀況時能立刻上場救急。

這三個辦法都是為了給內部員工造成外部能量轉換，讓員工知道主管隨時有可能換掉他，這能提升員工的工作動力。

小結

回到最開始的問題，為什麼有的人不好用，但又不能不用？因為你沒有選擇權。

作為主管，不但要會招人，還要會解僱人。組織也有自己的生命，也需要吐故納新。持續淘汰最後 10% 的人，換來至少高於團隊平均水準的人，可以讓團隊不斷反覆運算進化。

親自解僱員工，敢於面對他的憤怒，並讓他心服口服，這時你才會成為成熟的主管，這是你的「成人禮」。

那麼，具體怎麼做？主管要用這三件事，保持選擇權：

1.識別野狗和小白兔；2.親自解僱員工；3.建立外部能量轉換。

學員案例與感

伯北：真到動手解僱小白兔的時候，我難以下定決心，覺得湊合著也能用。但其實仔細想想，這樣處理是在耽誤整個團隊的時間，並且會影響其他人的工作狀態。他每天只做這麼點事情，其他人看在眼裡，就會想那我也可以摸一摸魚。

範俊：不要擔心找不到替代的人，很有可能會有一個更好的人替代原先這個讓你失望的員工。就像之前的一個倉庫主管，開年後跟我說要走，我害怕團隊因此失去穩定性，便極力挽留。可是新來的倉庫主管非常令人滿意，自覺、積極、細心、能力強。所以不要害怕換人，團隊總要補充一些新鮮血液。

EdenWang：我解決人員備份問題的方法，是讓團隊中的人兩兩互為備份，他們的工作可以無縫銜接。同時利用代碼審查和修改漏洞的時間，儘量讓所有團隊成員瞭解所有的代碼。

從貳開始：我剛開始開除人的時候扭扭捏捏，張不了口，沒有魄力。反思之後我就會開除人了，怎麼開呢？針對野狗型員工，第一次犯錯，我會給予警告讓他改正，並且告知他如果再犯，後果會很嚴重。果然，他還是再次犯了錯，我就找他談話，說你第一次犯錯時，我被上級主管責問，但我幫你擋了。

你第二次又出這麼大的問題，我也無能為力，雖然和上級主管溝通了，但最終還是不得不解聘你，因為大家都在看著。我表現出很不捨的樣子，但是沒辦法必須得強硬處理。然後，我再跟他說自己對他的瞭解，講起他的缺點和優點，並提醒他以後在其他公司不能把自己的缺點放大，以及如何放大自己的優點。這樣他走時還對我有感激之情。此外，這麼做也不會降低團隊士氣。主管要思考如何在開除人的過程中，用溫柔的手段做出冷酷的事。

PART4

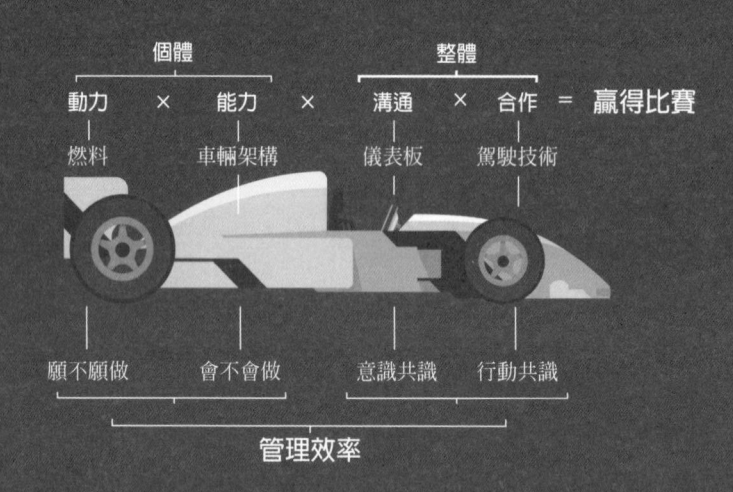

溝通

```
        個體                    整體
    動力 × 能力  ×    溝通  × 合作  =  贏得比賽
    燃料   車輛架構    儀表板   駕駛技術

   願不願做  會不會做   意識共識  行動共識
         管理效率

          突破自然效率
```

溝通的目的，是減少資訊不對稱
向下溝通
減少資訊不對稱
想明白，說清楚，能接受

想明白：搞清楚「為什麼」、「是什麼」、「怎麼做」
「為什麼」「是什麼」和「怎麼做」
溝通出問題，往往是因為只講「是什麼」

降維溝通：聽不如說，說不如寫，寫不如畫
誰的損失最大，就是誰的錯
溝通四維度：聽、說、寫、畫
說替代聽，寫替代說，畫代替寫

溝通的七種武器
第一種：一對一溝通
第二種：即時溝通
第三種：電子郵件
第四種：走動管理
第五種：例會
第六種：看板
第七種：周報

流程、制度、價值觀：穿越時間的溝通機制
用文字跟「明天的員工」溝通
優秀方法、做事邊界、決策依據

能接受：避免陽奉陰違
服從性測試
建立足夠的信任
讓員工接受的四個辦法

前面兩章，我們講了如何激發員工的動力和如何培養員工的能力。

動力 × 能力 = 貢獻

為了激發員工的動力，主管需要成為「鼓手」。為了培養員工的能力，主管需要成為「教練」。這兩項提高得越多，員工就越容易成為一個「超級個體」。

但是，任何一個「超級個體」，在今天複雜的商業世界裡，都不太可能完全獨自完成一項複雜的任務。他們需要和同事、上級甚至外部合作夥伴一起，才能做出超越個體的貢獻。

始終要記住，你管理的不是 10 名員工，而是一個團隊。那麼，如何才能使「超級個體」們變成一個「超級集體」呢？是什麼把他們「黏合」成一個「團隊」，像一個整體一樣戰鬥，而不是一盤散沙呢？

是兩種「黏合劑」：溝通和合作。

充分的溝通，才能讓員工思想一致；充分的合作，才能讓員工行為一致。

這一章，我們先來講講溝通。

2001 年，我拿到了美國專案管理學會（PMI）頒發的專案管理專家（PMP）證書。2002 年，我寫了一門全英文的課程，叫「高級專案管理」（Advanced Project Management），並拿到了

PMI 的課程認證。然後，我用這門課程培訓了大量微軟員工，幫助他們拿到了自己的 PMP 證書。

在我獨自學習和大量講課的時候，有一個問題一直令我很困惑。那就是 PMI 的指導裡說，一個主管應該將 90% 的時間用於溝通。

90% 的時間用於溝通？開玩笑吧，那不做事了嗎？這個問題困惑了我很久。

隨著管理經驗越來越豐富，我才真正意識到，90% 並不誇張。

主管的工作，不是「做事」，而是讓一群人因為你而做出更多的活、更好的活、更有價值的活。

而要做到這一點，核心就是靠「溝通」。

所以，我逐漸明白，除了成為鼓手和教練，主管還要成為善於溝通的「長官」，黏合整個團隊，透過向員工宣導公司的文化內涵和價值觀念，讓公司的使命和願景深入人心；透過與員工溝通交流，解決員工的思想問題和心理問題；更重要的是，讓員工明白一個任務或專案的為什麼（Why）、是什麼（What）和怎麼辦（How），減少資訊不對稱，提高員工的戰鬥力。

所以，做好一個善於溝通的「長官」，是主管的第三個重要身分。為此，你必須具備「想清楚」「講明白」，以及讓員工「能接受」的溝通能力。

本章我們將深入系統地闡述，主管作為部門的「長官」，做

好溝通的底層邏輯和具體方法。

溝通的目的，是減少資訊不對稱

我和你講一個故事。這個故事來自一位著名互聯網公司的CXO級（總監級）高管。這個故事發生在很多年前，他剛開始做一線管理者的時候。

作為一個新任主管，當時的他很怕衝突，很不願意或者很不擅長指出員工的問題。有一名員工業績很一般，他不知道怎麼處理。但是，他相信當員工表現很好的時候，主管使勁表揚員工，這樣員工就會知道怎樣的行為才是公司鼓勵的，久而久之，員工就會只表現出公司鼓勵的行為了。

他也的確是這麼做的，但是，這名員工的業績表現，一直都沒有提升。年終業績考核時，這名員工因為業績不行，拿到了一個很差的分數，被開除了。

出乎意料的是，這名員工竟然將公司告到了勞工爭議仲裁部門。

員工不能理解：公司為什麼開除我？公司解釋說，你業績不行啊。

於是，這名員工就翻出了主管和他的微信聊天記錄。微信裡，主管從來沒有批評過這名員工，而是一直都在表揚他。「你一直在表揚我，我以為我做得非常好。結果到了年底，你突然要

開除我，憑什麼？」最後，這名員工被裁定回原公司工作。

這件事給了當時的這位主管，也是現在某互聯網公司的高階主管，非常大的衝擊，成為他成長道路上的一個重要標誌。為什麼會出現這麼尷尬的情況？因為這個員工不該被解僱嗎？並不是，他的表現確實不好啊。是因為這個主管不懂勞工法，沒有接受相關培訓嗎？也不是。那是為什麼？

因為主管不會溝通。

向下溝通

如果不懂溝通，主管終將遇到類似的事。為什麼？

因為升任主管之後，你的身分發生了一個重大改變，你從一個「兵頭」變成了「將尾」。

這就是我們說的「躍升」。

「兵頭」，還是兵。但是「將尾」，就是最基層的管理者了。從你往上，都是管理者，這和以前一樣；但是從你往下，開始有一些兵了。這也就意味著，你從一個末端的終點變為一個中間的節點，你的溝通難度因此大大增加了。

過去，你是一個員工的時候，研究的是「職場」，各種職場課講的主要是向上溝通。現在，你變成了主管，成為中間的節點，除了要懂得向上溝通，也要懂向下溝通。主管銜接上下，要懂得雙向溝通，如果水準不夠，就可能兩頭受氣。

職場研究如何向上溝通，管理研究如何向下溝通。但過去，

你可能只接受過如何向上溝通的訓練，沒有接受過如何向下溝通的訓練。

互聯網上流傳著這麼一句話，「員工離職無非兩點： 錢沒給到位，或者心委屈了」。

什麼叫「心委屈了」？調查顯示，絕大部分員工加入一家公司，是因為對這家公司抱有期待；而離開一家公司，主要是因為對直接上司很失望。

現在，我要恭喜你，你當上主管，開始成為員工離職的重要原因了。未來你的優秀員工離職，你要知道，很可能是因為你。因為你讓他受委屈了。

舉個例子。你覺得員工沒有團隊合作精神。如果你直接說「我覺得你沒有團隊合作精神」，這就是在評價人。而如果你說「在這件事情上，我沒有看到團隊合作精神的顯現」，這就是在評價事。「我覺得你工作不積極」，這是在評價人。「我沒有在這個十萬火急的專案上看到你積極的表現」，這是在評價事。

評價人和評價事，有什麼區別？你覺得員工沒有團隊合作精神，但真的是這樣嗎？也許員工自己並不這麼覺得。在另外一件事上他明明表現得非常有團隊合作精神。所以，你不能定性地說他就是一個沒有團隊合作精神的人。你只能說，在某一件事情上，至少在你看來，在團隊合作精神上他表現得還不夠。

每個人對自己都是認可的，如果你否定對方這個人，那麼勢必會受到對方的牴觸。所以，如果主管習慣於評價人的不足，員

工就會容易覺得心委屈了。

所以，學會向下溝通，是主管的必修課。

減少資訊不對稱

網路上有很多課程專門講個人之間的溝通，告訴你如何讓別人理解自己的觀點，如何達成共識。但是，站在組織的角度，不同主體之間溝通的目的是不同的。對主管而言，向下溝通的主要目的是減少資訊不對稱，從而提升團隊的戰鬥力。

什麼叫提升團隊的戰鬥力？假如你手下有 10 個員工，

他們每人的戰鬥力是 1，由於自然效率會有損耗，比如因為溝通不暢做了重複的事情，甚至彼此相互衝突的事情，所以 10 個員工加起來的團隊戰鬥力可能只有 8，甚至只有 7。

而因為你的管理，大家加強了溝通，所以把團隊的戰鬥力發揮到了 10，甚至是 12 或 15。這就是你的價值——提升了團隊的戰鬥力。

所以，主管的一個重要價值就是透過溝通的方式，減少資訊不對稱，做到沒有驚喜和意外（No Surprise）。這樣才能使團隊的戰鬥力大於個人戰鬥力之和。

這是什麼意思呢？

假如你手下有 10 個員工，這 10 個員工每天要做很多事，這些事往往需要做決定，如做還是不做，做 A 還是做 B，做到什麼程度，等等。假如 1 個員工一天要做 10 個決定，10 個員工一天

就要做 100 個決定，一年有大約 250 個工作日，這也就意味著你的員工一年總共要做 25,000 個決定。如果這些決定都要你來批准，你是絕對忙不過來的，所以必須讓他們自己做大部分決定。他們真正來請示你的，可能只是這 25,000 個決定中的 500 個，另外的 24,500 個決定都是他們自己來做。那麼，他們靠什麼來做決定？他們要靠充分的資訊。只有掌握充分的資訊，他們才能做出和你差不多的判斷，這時整個團隊的效率才會真的得到提升。這就是為什麼要減少資訊不對稱。

還有一點，那些沒有請示你的 24,500 個決定背後有沒有重複勞動，會不會 A 做的事 B 也做了，甚至 A 和 B 做的事情是互相矛盾的？你如何驗證並避免這種重複勞動或互相矛盾呢？這還是要靠資訊對稱，就是要讓所有人都知道所有的事，或者說不用記住這些事，但是只要想查，都能查到。

那具體怎麼做，才能減少資訊不對稱呢？

我們首先要瞭解團隊溝通有以下三個常見的錯誤。

第一，把資訊當權力。老闆說了什麼，透過主管傳達給下屬的時候，處在中間的主管就容易把資訊當權力。我知道而你不知道，所以你想知道時，就要來問我。這就是權力。這種資訊權力很容易讓人覺得自己厲害，以致迷失自己。

第二，說好不說壞。我們習慣於對上級報喜不報憂，對下級說好不說壞。本節開頭的例子就是典型的說好不說壞，只表揚不批評。和員工溝通時，讚美的話很容易講出口，怎麼說對方都高

興。可是，批評的話就很難講出口了。很多管理者在評價員工時，非常委婉、層層包裝，以至於員工根本聽不出來主管在批評他。結果，員工把糖衣吃了，但是完全沒有看見炮彈。

第三，當老好人。兩個員工發生爭執，主管說你有問題，他也有問題，把兩人各打了五十大板。

我們要理解人為什麼常犯這三個錯誤。這三個錯誤的本質是逃避溝通。逃避溝通的本質是，透過減少溝通來減少眼前的衝突。人總是害怕跟別人產生衝突，因為衝突可能會帶來風險，而逃離風險是人的本能。所以很多主管選擇逃避溝通，而一旦逃避溝通就會帶來資訊不對稱，整個團隊的生產力就會大大下降。

理解錯誤溝通的本質之後，接下來，怎麼做到正確溝通呢？

想明白，說清楚，能接受

團隊溝通的正確方式可以用 9 個字來概括：想明白，說清楚，能接受（見圖 4-1）。

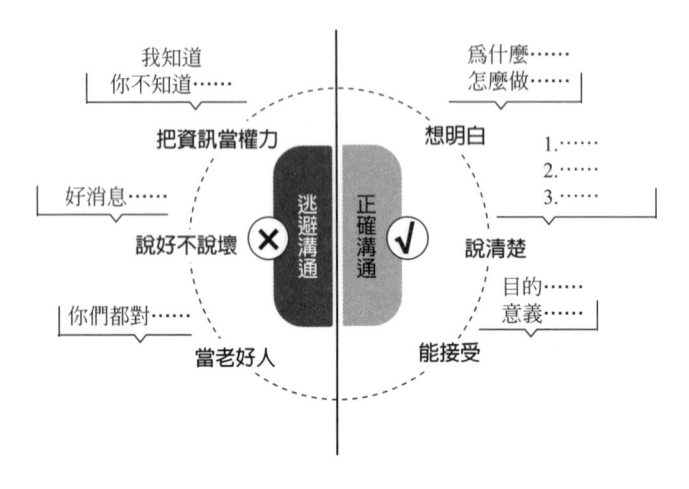

```
       我知道                       為什麼……
       你不知道……                    怎麼做……
         把資訊當權力           想明白
                                       1.……
   好消息……    ┌──┬──┐              2.……
            │逃│正│              3.……
            │避│確│
            │溝│溝│
         說好不說壞 ✗ ✓ 說清楚
            │通│通│
   你們都對…… └──┴──┘       目的……
                                  意義……
            當老好人           能接受
```

圖 4-1　溝通的錯與對

・想明白

有時主管跟人溝通，講完之後卻無奈地對員工說，你怎麼都聽不懂啊？主管要明白，他聽不懂的原因可能是因為你自己沒有想明白，你自己都不知道自己在講什麼。

在安排任務給員工前，主管得先想明白以下幾個要點：

・為什麼要做這件事？
・怎麼做這件事？
・這件事要實現什麼樣的結果？
・這件事的截止日期是什麼時候？

・說清楚

想明白要溝通的事情後,你還要能夠把它說清楚,也就是說你的表達要到位,告訴員工要怎麼做。有一位管理者,他管理的是一群員工餐廳阿姨,她們大多對於文字的接受度沒那麼高。於是,他就用圖片和照片來展示驗收、留樣、冰箱冷藏的流程。效果非常好。這就是「說清楚」。

・能接受

你講清楚之後對方是不是能夠從心理上接受呢?不一定。有一位管理者安排任務時,每次遇到員工有異議,她就用最簡單粗暴的方式解決,說這是老闆要求的,她也沒辦法。這樣的次數多了,員工對她處理事情的方式和為人就很有意見。任務的執行效果,也就大打折扣。

所以,只有讓員工發自內心地理解並接受這麼做的目的和意義,他們才能真正接受這項任務。

主管想明白和講清楚,都是為了員工能理解。

- 員工不能理解,不能接受,此時你用的是他的手。
- 員工能夠理解,不能接受,此時你用的是他的腦。
- 員工能夠理解,能夠接受,此時你用的是他的心。

所以,主管用員工有三個層次:用他的手、用他的腦和用他

的心。一個優秀的主管，懂得用員工的心，而不僅僅是員工的手。最糟糕的主管，有時連員工的手都用不上。到底怎麼做，才能從用手到用腦到用心？你要懂得溝通。

接下來，我將用 5 個小節來給大家仔仔細細講想明白、說清楚、能接受這三件事分別該怎麼做。

小結

我們講動力和能力，是為了提高個人的戰鬥力；本章講的溝通和下一章將要講的合作，是為了提高團隊的戰鬥力。我們透過溝通實現思想的一致，透過合作實現行為的統一。

溝通的目的，是減少資訊不對稱，是沒有驚喜和意外。溝通要做到三件事：想明白、說清楚和讓員工能接受。

學員案例與感悟

小光：職場就像家庭，很多沒必要的內耗、沒必要的委屈，都是因為缺乏溝通。下屬怕上司知道自己的不足，認為自己不行；上司也怕下屬知道自己的顧慮和恐懼，總想在對方面前保持一個好形象。其實，大家都是人，也都能互相理解，除了一

些原則性的敏感問題，沒有什麼是不能溝通的。充分溝通，讓渡一些自己的「完美」，也是取得對方信任的方式。能看清這點，彼此的心理包袱就會輕一些。

張康：當下屬有問題需要指出時，最好的方式是單獨面對面，就算不嚴肅，也需要正式指出來，這樣下屬才會當回事且認真對待。例如和下屬在一個小屋子裡，以「我們來對你最近的工作進行一下覆盤」開頭，以「你壓力也別太大，這些不妥的地方加以改進就行，上點心，因為這對我很重要，我特別關注這些地方」來結尾。

稍差的方式是兩個人獨處，但是氣氛和嚴肅、正式不沾邊，類似中午和下屬的餐後散步，閒聊中加點「點撥」。這種方式下，下屬可能過濾掉很多資訊。

最差的方式是公開指出來，如果指出時的語氣、氣氛是嚴肅的，下屬會當回事，但也有可能引起對方情緒反彈，畢竟面子上掛不住。但若是點名指出來後，再加上一句「其他人也需要注意」（加上類似這種措辭，大部分是因為主管又突然要給這個下屬留面子），下屬很可能依舊不太當回事，畢竟「其他人」這個詞一說出來，就會給人「法不責眾」的感覺。我碰到過的 40 歲左右的主管，慣用「小屋子＋單聊」；30 歲左右的，慣用「公開+點撥」，可能這也是害怕「衝突」的顯現。

> **從貳開始**：在批評了某員工之後，我清楚地告訴他，我這是為他著想，「我可以不管你，讓你溫水煮青蛙一般慢慢被社會淘汰；也可以為了讓你成長起來，對你嚴格要求」。他聽懂了，嚴格才是關愛，我批評他是為了他好。在團隊成員中，他是成長最明顯的一個。

想明白：搞清楚「為什麼」「是什麼」「怎麼做」

有一次，我問一個創業者，你的團隊是做什麼的？

他想了想，說我們團隊是做這個、做那個的，講了 5～10 分鐘。他們確實做了很多事，但他講得有點混亂，我沒能理解他們團隊到底是做什麼的。

他想了想說這樣講不對，自己再想想。後來終於想出來了，他說：我們做的事總結起來就是一句話，「讓客戶滿意，幫公司創造價值」。

講完之後他覺得非常滿意，但我覺有點抽象，還是沒聽明白。對此，他也覺得特別痛苦。這到底是怎麼回事呢？

是因為他的表達能力不夠強嗎？還是因為我的理解能力不夠強呢？都不是，尤其不是他的表達能力不強。

表達就是要說出來,他在說出來之前有一件事沒做到,就是沒有想明白。不是沒有講清楚,而是沒有想明白。

「為什麼」、「是什麼」和「怎麼做」

所謂想明白,就是要搞清楚三件事:「為什麼」(Why)、「是什麼」(What)和「怎麼做」(How)。

假設你面前有三個筐,還有一堆豆子,有紅豆、黃豆和綠豆。你要把紅豆揀到紅豆的筐裡,綠豆揀到綠豆的筐裡,黃豆揀到黃豆的筐裡。一開始你腦子裡是各種豆子混在一起,分類完之後,就一目了然了。

將紅豆、黃豆和綠豆分類,對應到溝通上,就是在你大腦中做整理:想明白「為什麼」、「是什麼」和「怎麼做」。溝通每一件事你都一定要想想這三個筐,這是非常重要的心法。舉個例子,美國登月。冷戰期間,蘇聯的尤里‧加加林成為第一個進入太空的地球人,非常厲害。這一壯舉極大地刺激了美國,許多國會議員希望立刻開始實施一項太空計畫,與蘇聯競爭。當時的美國總統甘迺迪在公開演講中回答了登月團隊要做什麼,他說:我們要在十年之內把人送上月球,並且讓他安全地回來。你看這句話講得非常清楚,美國要做的是一件什麼事,甘迺迪就說了「是什麼」;他沒有講「為什麼」,我們要把世界變得更美好(make the world a better place);他也沒有講「怎麼做」,比如怎麼組織團隊、怎麼做登月艙、怎麼研究金屬材料……等等。

回到本節最開始的問題，那位創業者的第一次回答之所以混亂，是因為他講了很多的「怎麼做」，即如何來做這件事。他的第二次回答為什麼抽象呢？「讓客戶滿意，幫公司創造價值」，這講的是「為什麼」，即為什麼他的團隊會存在。但我問他的問題是「是什麼」。相當於別人要的是一顆黃豆，結果他從一堆豆子裡挑出了一顆綠豆；別人說不對，我要黃豆，他想了想，又挑出了一顆紅豆。這樣溝通當然會有障礙。

再來看一個常見的溝通障礙。當你教員工一件事情該怎麼做的時候，你告訴他第一步、第二步、第三步……說了一大堆，你發現他還是學不會。為什麼他學不會？因為你沒有幫他解決「為什麼」的問題，為什麼我要這麼做？沒有解決「為什麼」的問題，他就會動力不足，沒有學習的欲望。光教「怎麼做」是沒有用的，在這之前，你要先解決「為什麼」的問題。

所以，你跟別人的溝通出現問題，很多時候不是沒有講清楚，而是沒有想明白。在溝通的時候，你一定要搞清楚，對方想聽的是「是什麼」、「為什麼」還是「怎麼做」；而自己所表達的是「是什麼」、「為什麼」還是「怎麼做」。只有當你所表達的和對方想聽的相匹配時，你們的溝通才是有效的。

溝通出問題，往往是因為只講「是什麼」

那怎麼才能想明白呢？你必須在腦海中，把對一件事的種種思緒分門別類地放在「為什麼」、「是什麼」和「怎麼做」這三

個筐裡,才能夠做好溝通。

具體來說,你要「想明白」三件事。

第一件事,想明白「為什麼」「是什麼」和「怎麼做」的區別。

有一次,我和一組企業家開私董會。某個企業家的問題是:如何給高階主管降薪?如何招到 80 後的總經理?

現在請問:這是什麼類型的問題?

這是關於「怎麼做」的問題。他想找到「無痛解僱」高階主管,以及招「80 後」總經理的方法和步驟。

他之所以這麼問,是因為他心中已經有了兩個確定的「是什麼」,那就是:解僱高管和招「80 後」的總經理。他覺得這兩個「是什麼」不需要討論,這是確定的,只需要討論「怎麼做」就行了。

這時你要做的不是直接給他出主意,而是多問一句:為什麼這個「是什麼」是確定的?為什麼一定要解僱高管?為什麼要招「80 後」的總經理?到底發生了什麼,讓他覺得非這麼做不可?

這就是「為什麼」。也許,這個「為什麼」更重要。

第二件事,想明白「為什麼」「是什麼」和「怎麼做」的關係。

「為什麼」「是什麼」和「怎麼做」，這三者之間是什麼關係呢？

它們之間的關係是：「怎麼做」是「是什麼」的答案，「是什麼」是「為什麼」的答案，或者說是，「為什麼」導致了「是什麼」，「是什麼」又導致了「怎麼做」（見圖 4-2）。

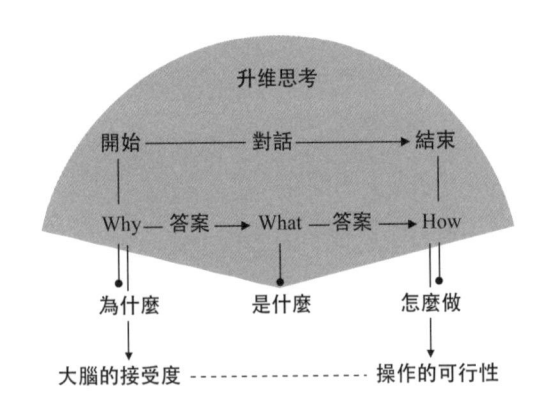

```
                    升維思考
        開始 ──── 對話 ──── 結束

        Why ─ 答案 → What ─ 答案 → How
         │              │            │
        為什麼         是什麼       怎麼做
         │                           │
     大腦的接受度 ─────────── 操作的可行性
```

圖 4-2 「為什麼」「是什麼」和「怎麼做」的關係

聽起來有點像繞口令。我們以「如何給高級主管降薪」為例來解釋一下。

「給高管降薪」是企業家想採取的一個行動，這是「是什麼」。他問的是「如何」給高級主管降薪？他是想問怎麼做，所以「怎麼做」是「是什麼」的答案。

但是，他為什麼要解僱高級主管呢？這背後一定有個「為什麼」。這個「是什麼」就是他心中那個沒有講出來的「為什麼」

的答案。

所以，要解決這個問題，首先要理解他心中的那個「為什麼」。這是一切的根源。

具體怎麼做？分以下三步。

第一步，從「是什麼」倒推出「為什麼」。

「降薪對員工來說是非常大的傷害，簡直形同於羞辱，你為什麼要給高級主管降薪呢？」

他說，因為有一次投資人來做盡職調查，和幾位高級主管單獨交談，分別問他們知不知道公司的戰略是什麼，結果每個人說的都不一樣。

這讓他非常沒面子。他覺得，做了這麼多年高級主管，他們居然都不知道公司的戰略，必須予以開除。

原來是這個原因。真正的「為什麼」找到了。第二步，再從「為什麼」推出新的「是什麼」。

「有沒有可能，其實是溝通機制出了問題呢？是不是你們沒有進行有效的戰略分解，沒有執行跟進的流程呢？」

他一想，覺得有道理。

找到了那個真正的「為什麼」之後，他決定不解僱高級主管了。也許有別的解決方法，比如建立有效的戰略執行機制。

建立有效的戰略執行機制，就變成了新的「是什麼」。這時，所有參與私董會的企業家們一身冷汗：差一點，

我們就出了五花八門的建議，幫他解僱高級主管了。

沒想清楚「為什麼」，那個「是什麼」可能就是不對的。

第三步，再從新的「是什麼」推出新的「怎麼做」。

新的「怎麼做」是：如何與高級主管進行充分溝通？這時，私董會的企業家們提出了很多有價值的建議。

同樣，他為什麼要招「80後」的總經理呢？

因為這個創始人是「60後」，他的合夥人也是「60後」甚至是「50後」，他總覺得公司決策層青黃不接，馬上要斷層了，這讓他覺得害怕、恐懼，因此想招一個「80後」接班，這是「為什麼」。

那麼，招一個「80後」總經理是不是這個「為什麼」的最好的答案呢？也許不是。因為他真正想做的不是招一個「80後」總經理，而是解決決策層青黃不接的斷層問題。這才是真正的「是什麼」。

然後，再從這個真正的「是什麼」推出新的「怎麼做」。私董會企業家們的建議非常多。最後發現，他不是一定要招一個「80後」總經理。他應該做的是制訂一個人才階梯培養計畫。

這就是「為什麼」「是什麼」和「怎麼做」的關係。

第三件事，想明白「為什麼」、「是什麼」和「怎麼做」的順序。

一般情況下，我們跟別人溝通的時候，要開始於「為什麼」，結束於「怎麼做」。

為什麼有時你的員工不能接受？因為你沒有講「為什麼」。為什麼有時你的員工不會執行？因為你沒有講「怎麼做」。所以，沒有「為什麼」和「怎麼做」的「是什麼」，就是雞湯。你天天跟員工說「你要好好努力啊」，等於什麼都沒說。因為努力做一件事是「是什麼」，沒有想明白為什麼努力、怎麼努力，也就是「為什麼」和「怎麼做」，自然不會有效果。

你跟員工說，這個月必須提高客戶滿意度，這是給了他「是什麼」。結果過了幾個星期，客戶滿意度還沒有提高，你非常惱火：我不是跟你說了嗎，要提高客戶滿意度，怎麼還沒提高？為什麼？因為你只給了他「是什麼」，卻沒告訴他「怎麼做」，所以他不知道怎麼做。這就好比你只給了他雞湯，卻沒給他勺子。

再來看一個場景。主管這樣告訴員工，為什麼一定要努力完成手頭的工作，因為後面有三個等待項依賴於他手頭的工作，如果他不按時完成，一個團隊的工作就會因此延期。而整個專案還有更多的事項依賴於這個團隊的工作，它們一旦延期，就會導致整個專案延期，到最後滿盤皆輸。這是公司今年最重要的專案，一旦這個專案失敗，公司就會遭遇巨大的風險，年底會虧損。公司虧損會導致降薪和裁員，至少大家的獎金肯定發不出來。所以，公司今年最為重要的專案現在就靠你了，這相當於你扛著整個公司的未來。

員工聽完這些後，加班加點也得按時完成手頭的工作，不會再像過去那樣消極怠工。因為主管給了他一個強大的「為什麼」，讓他明白了手頭工作的重大意義。

總之，說清楚「為什麼」是為了解決員工大腦接受度的問題；說清楚「怎麼做」是為了解決員工大腦把資訊傳遞到雙手之後的可行性問題。但是現實中，很多主管往往只講「是什麼」，即你要做什麼，卻忘了說「為什麼」和「怎麼做」，這是溝通出現問題的核心原因。

小結

- 想明白，就是搞清楚「為什麼」「是什麼」和「怎麼做」。

- 記住三件事：第一，要區分「為什麼」「是什麼」和「怎麼做」；第二，想明白它們之間的關係；第三，弄清楚它們的順序。

- 團隊管理者要牢記，只有員工願意做一件事，並且會做，這件事才有可能做成，因此讓員工明白「為什麼」和「怎麼做」必不可少。

學員案例與感悟

范俊：我曾經習慣於這樣跟員工講話：「你們怎麼幹的活？抖音號搞了這麼久，就幾千個粉絲，趕緊去想想辦法，把粉絲數搞到10萬。」原來以前我是在偷懶。

李春朋：有時候一個經理能不能想清楚「怎麼做」，也是對經理自己能不能解決這個問題的自檢。如果認為自己所想的「怎麼做」可能只是保底方案，那怎樣引導員工提出一個更優的「怎麼做」，是主管需要思考的問題。

我以前沒有管理經歷，輕視了「為什麼」、「是什麼」、「怎麼做」這種簡單的框架，這導致我沒有意識到很多問題是自己沒想明白。一些事情沒辦成，我認為是手下人愚蠢，其實是我沒有真正把事情想明白。

楊健：有時為了培養員工，提高員工完成專案整體架構的能力，我會給他們安排難度高一點的任務，並且特意不說「怎麼做」，而是讓他們自己去摸索。如果安排任務時都告訴員工「怎麼做」，我擔心他們會滋生懶惰，每次都根據主管給的方法直接做出來，自己不去思考了。另外，有些核心問題的解決方法，主管也未必能事先就想明白「怎麼做」。

大樹：我們的專案通常需要多個角色共同參與完成，包括業務、產品、技術、實施人員。有一個奇怪的現象，專案成員會下意識地覺得，專案交付不了是專案主管的事，跟他們沒多大關係，可想而知，這種心態下的工作動力有多弱。員工始終都需要有主管拿著鞭子在後面盯著、抽著才會動起來，不盯著、不抽著就出問題，搞得大家都很累。我反思了一下，原因之一就是我們的專案啟動會做得不夠好。

專案啟動會的重點是需求簡報，俗稱「畫餅拉人」。我們簡報的重點全都集中在講「是什麼」，就是這個專案的目標、專案內容等，基本不會說「怎麼做」層面的事，「為什麼」層面也只是會說客戶要求的標準是什麼，定的交付工期是什麼，很少談其他東西。以後要多談「怎麼做」和「為什麼」層面的內容。

降維溝通：聽不如說，說不如寫，寫不如畫

上一節我們講的溝通問題是「想明白」，這一節開始我們講溝通的下一個部分——「講清楚」。關於「講清楚」一共有3節內容，我們先講第一個部分——降維溝通。

什麼是降維溝通？

我們先來看一個常見的現象。主管給員工交代任務時，經常會問員工聽懂了嗎？為了證明自己還不錯，員工通常會說聽懂了，甚至會拍個馬屁：主管，你說得真清楚，沒問題了。結果，任務完成得一塌糊塗，主管大發雷霆。

請問：這是誰的錯？聽懂是誰的責任？是下屬的責任嗎？

不是，是主管的責任。

誰的損失最大，就是誰的錯

前面講員工培訓問題時，我們提到過「誰的損失最大，就是誰的錯」，這裡展開來說說，這個邏輯來自阿德勒的課題分離原理。

什麼叫課題分離？

我兒子小米有一次把玩具遞給他外婆，外婆沒接住，掉在地上碎了，小米很生氣、很委屈，就哭了。我問他：小米，這是誰的錯？小米說：當然是外婆的錯啊，她沒接住。

我又問：碎了的玩具是誰的東西呢？他說：是我的東西。我

說：那這是誰的損失呢？他說：這是我的損失。我說：對啊，這是你的損失，所以就是你的錯，要記住，誰的損失最大就是誰的錯。

為什麼？

「因為你再怎麼對別人發火，還是你的東西碎了。對外婆怎麼發火，都挽回不了你的損失。所以，你應該在伸手遞玩具的時候，往前多伸一點，讓外婆能夠抓牢，這樣你的玩具不就不會摔壞了嗎？」

錯誤是誰的，誰才會糾正。只有你發自內心地認為這是自己的錯，你才會做出改變。所以在地鐵上，有人踩了你一腳，這是誰的錯？是你的錯，因為你生他的氣，罵他一頓，是沒用的。你把自己的腳藏好，這才是正確的做法。

所以，如果下屬沒聽懂，這是誰的錯？要看誰的損失最大。顯然是你的損失最大，你的兵出了問題你要負責，老闆會罵你，所以這是你的錯。要記住，誰的損失最大，就是誰的錯。

所以，不要問員工：你聽懂了嗎？因為這句話的主語是「你」，那聽懂這件事就是他的責任，他一般不敢說「我沒聽懂」。

在這種情況下，主管要說：我講清楚了嗎？

主語變成了「我」，責任就轉移了。主管能控制的是自己的講而不是別人的聽，所以要說：「我講清楚了嗎？」

溝通四維度：聽、說、寫、畫

那主管怎麼做到講清楚呢？

我總結了 8 個字：升維思考，降維溝通。

我們在上一節介紹的「想明白」，本質上是講「升維思考」。思考問題的時候，如果只考慮「是什麼」這一維度，只考慮「怎麼做」這一維度，或者只考慮「為什麼」這一維度，都是不夠的，要升維思考，全面考慮這三個要素。

溝通有四個維度：聽、說、寫、畫。

聽就是聽別人講，說就是把內容給別人講一遍，寫就是把內容寫成一篇有條理的文章，畫就是把內容畫成一張圖

（見圖 4-3）。

為什麼說聽、說、寫、畫是四個維度，而不是說它們是四個不同的方面呢？因為它們的溝通效果是有維度級差異的。

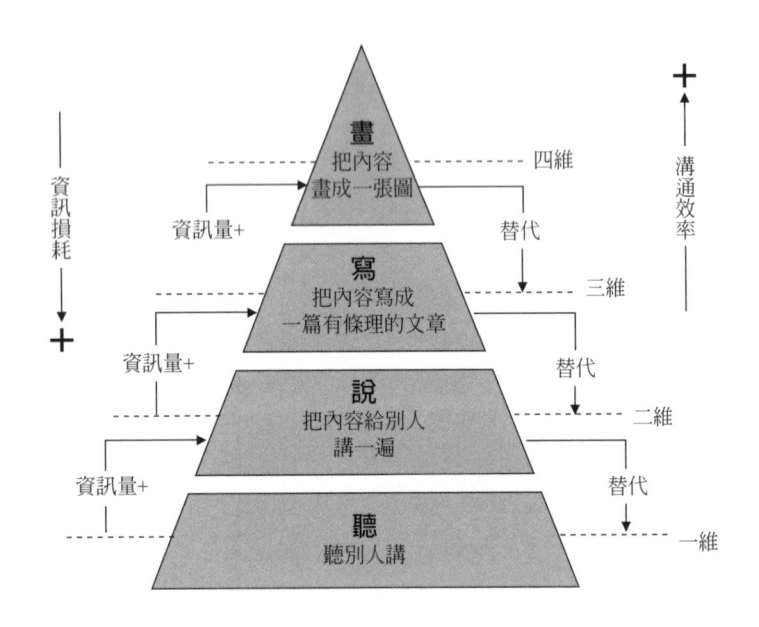

```
                    ▲
                   ╱畫╲
                  ╱內容╲         四維
                 ╱畫成一張圖╲
                ─────────────
               ╱     寫      ╲
              ╱  把內容寫成   ╲    三維
             ╱  一篇有條理的文章 ╲
            ─────────────────────
           ╱        說           ╲
          ╱   把內容給別人        ╲   二維
         ╱      講一遍             ╲
        ─────────────────────────
       ╱          聽                ╲
      ╱       聽別人講                ╲  一維
     ────────────────────────────────
```

圖 4-3　溝通的四個維度

・聽不如說

你戴著耳機聽音樂，一邊聽一邊哼。你對面有人，他們聽不到你耳機裡的音樂，只能聽到你哼的調子。哼完之後，你問他們，我剛才哼的是什麼歌？你覺得自己哼的這個調子那麼清楚，那麼熟悉，他們肯定能猜中。但你驚訝地發現，比你想像中多得多的人說，他們根本就不知道你在哼什麼。這是因為戴著耳機聽音樂的你接收到的資訊是很全面的，但你真正說出來（也就是哼出來）的時候，存在巨大的資訊損耗，所以他們聽不懂。

有個流行的傳話遊戲，第一個人聽別人說了一個消息，然後

傳達給第二個人，第二個人再傳達給第三個人⋯⋯到最後一個人的時候，消息已面目全非。為什麼？因為從聽到消息到說出來有資訊損耗。

· 說不如寫

會說，就夠了嗎？當然不夠。說話時思維還是發散的，會寫才說明有了更深入的思考。寫得清楚，才說明邏輯真的清楚。卓越的寫作能力，不僅有助於提升行政管理水準，還有助於顯著提高企業管理者的效率，因為寫工作計畫、工作總結、演講稿、會議稿、工作彙報等，都需要很強的寫作能力。有的人非常能說，但讓他寫一篇文章，他望著白紙，寫不出一個字。

為什麼？因為「說」這件事，可以有資訊的往來，可以有資訊的重複，可以有口頭禪，不需要找到觀點與觀點之間的先後次序和因果順序。但「寫」是不能這樣發散的，寫的時候你要思考內容的邏輯，你得把一條邏輯線索梳理出來。說不如寫，寫所包含的訊息量和邏輯性是要遠大於說的。

· 寫不如畫

會寫，就夠了嗎？當然，還是不夠的。因為寫是線性的邏輯，比寫更厲害的，是能畫出一個模型。畫圖是一種高效、生動、直觀、易於理解和記憶的思維方法。

假設我們要弄清楚 7 個人之間的彙報關係。如果是寫一段文

字,你要寫清楚這個人彙報給那個人,那個人又彙報給另一個人……寫完之後,你問對方清楚了嗎?那個人估計一頭霧水。但如果你畫一張圖,那個人一眼就能看明白。

這就是一圖勝千言。研究者對此有過分析,圖像是具象的,調動的多是感性思維;文字是抽象的,調動的多是理性思維。人說到底是感性動物,所以更容易接受圖像。

相比於寫,畫又升了一個維度,畫圖的時候,訊息量要遠大於文字。寫文章是一條邏輯線,可是如果畫成一張圖,就會有無數條邏輯線環環相扣,彼此交織,它們之間的關係變得錯綜複雜,這對思維的要求就更高了。

所以記住,聽、說、寫、畫是溝通的四個維度,每升一個維度,所包含的訊息量更多,資訊損耗更小。

那麼,怎麼降低資訊損耗呢?

說替代聽,寫替代說,畫代替寫

降維溝通可以減少資訊傳遞過程中的損耗,具體有以下三個方法。

・用說替代聽

工作中很多時候員工是用聽來做溝通的,今後你得要求員工說出來。你給一個員工佈置完任務,你說:我講清楚了嗎?員工說:講清楚了,我明白了。你說:那你做事去吧。這種溝通方式

對員工來說是聽。但聽是最低維的溝通，你要進行升維。

在員工去做事之前，你要說：那你講一遍給我聽聽。聽他講完之後，你可能會鬱悶得想吐血，感覺自己是雞同鴨講。你對員工說：你根本就沒明白，這樣，我再講一遍。這樣反覆進行幾次，直到員工能說清楚為止。這就是讓員工用說代替聽。

教是最好的學，就像老師讓學生聽課不如讓學生講課一樣，主管讓員工輸出，最能倒逼他更好地傾聽和思考，實現更高品質的輸入。

· 用寫替代說

主管跟員工做一對一的溝通時，天馬行空聊完之後，回想一下，這件事忘了說，那件事忘了講。所以記住，說這種溝通方式是低維的，更高維的是寫。

在跟員工一對一談話之前，主管要寫下來今天談什麼話題：你要努力工作，這是「是什麼」；然後寫「為什麼」，為什麼你要努力工作，因為你最近的業績遇到了問題，年底考核比較危險；最後是「怎麼做」，怎麼努力工作呢，你要多向你的師傅請教，還要分析業績找找原因。

此外，在開會之前，主管要寫出會議議程，前 5 分鐘聊什麼，之後一刻鐘聊什麼，這樣結構化之後，開會效率會更高；在演講之前，主管要具體寫出五點，第一是什麼，第二是什麼……這樣，演講會更有條理。

主管用寫替代說，資訊的邏輯性就會強很多。

同樣，會議之後，可以要求員工把後面要做的事寫一封郵件給你。員工寫的過程，就是深度思考的過程。

・用畫代替寫

很多人演講的時候，喜歡站在臺上念講稿，這樣的演講往往讓人覺得很無聊。演講時用 PPT，效果往往比念講稿好，因為 PPT 裡有很多畫，更加結構化，更加全面，傳達的資訊會更完整。

舉個例子，2015 年我參加吳曉波頻道的傳統企業轉型大課，做了 1 小時的演講。在整個演講過程中，我只用了一張 PPT（見圖 4-4），把一張思維導圖從左講到右，就把問題講明白了。

這張 PPT 把我講的所有要點的邏輯畫得特別清晰。

諮詢公司的核心能力之一，就是建模（modeling）的能力。從某種意義上來講，建模的能力就是深度思考的能力，就是「畫圖」的能力。

PART4 溝通 ▶ 243

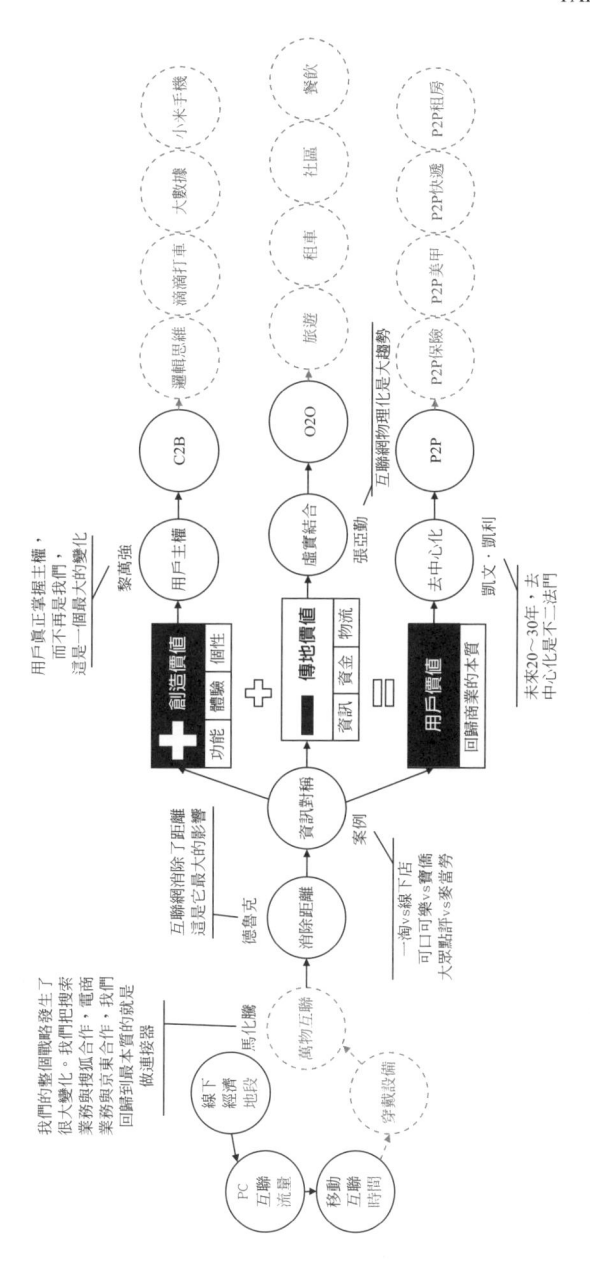

圖4-4 潤米第一模型：企業價值模型

用畫代替寫，可以幫助受眾將大量的資訊以圖形的形式呈現，這樣不會讓人感到雜亂無章，更容易被大腦所記憶，從而成倍提高資訊接收率。

你也可以試著要求員工，把一件事下面他打算怎麼做畫一張流程圖出來，手繪也行。只要能畫出來，他一定經過了深度思考。

小結

升維思考和降維溝通，如果這兩者你都能做到，你在溝通時的資訊對稱度就會大大提升。

什麼叫降維溝通？

溝通有四個維度：聽、說、寫、畫。它們的資訊溝通效率從左到右依次提升。降維溝通讓接受資訊的人面對的難度大大降低，但是對傳遞資訊的人的要求大大提高。

請大家記住：聽不如說，說不如寫，寫不如畫。

學員案例與感悟

楊健：以前聽說日本人安排工作至少要說5遍，包括「麻煩你做什麼事」、「麻煩你重複一下我請你做什麼事」「你知道我請你做這件事的目的是什麼嗎？」「這件事會不會出現什麼意外，你打算怎麼應對？」「如果是你自己做這件事，你有什麼想法和建議」。當時第一感覺是怎麼會有這麼「變態」的做法，學完本節才明白，這是降低溝通損耗、節省後期時間比較好的方式。

李春朋：我一直都有不善口頭表達的心結，因此對溝通這件事心存敬畏。對於一些重要溝通，我會借助於心智圖和 visio 這樣的工具，即使沒有電腦也會借助清單工具，這種心態就像一個認為自己腿腳不利索的人給自己找了一對拐杖一樣。但就是這對拐杖，讓我在公司順利完成了一個口齒伶俐的人都沒能完成的需要多單位、多部門合作完成的工作。

覆盤的時候，我琢磨那位出了名的口齒伶俐、思路清晰的主管，為什麼沒有把這件事辦成。我想她可能是過於相信自己的嘴，認為她說清楚了，其他人就應該清楚了。而其他人多數都停留在聽的維度上；少部分會追問一下，達到說的維度；極個別的人才會寫郵件闡述並追問一下，達到寫的維度。但這畢竟

> 是一個複雜的網路合作問題，在相當一部分人還停留在聽的維度時，執行起來就會出現很多因為理解有偏差而帶來的問題。
>
> 小光：寫不出東西，就意味著觀點沒邏輯、工作沒思路、計畫沒統籌。所以，手不釋卷、筆耕不輟，是任何一個管理者都必須堅守的修行方式。雖然過程可能很痛苦，

溝通的七種武器

溝通要做到三件事：想明白，講清楚，能接受。主管講不清楚的原因是資訊有損耗，因為有損耗，所以要降維溝通，那怎麼降維溝通呢？我們需要工具。

需要什麼工具呢？舉個例子：假如你去砍樹，先是用鋒利的石頭砍，費了半天勁終於砍倒了一棵樹；接著用斧頭砍，一個鐘頭就砍斷了一棵樹；最後你用電鋸，幾分鐘就砍倒了一棵樹。所以說做好一件事情，關鍵是找對工具。

溝通也是一樣，工具有很多，比如開例會、做頭腦風暴等，有十八般武藝，有眾多的流派。但你不需要全部學，關鍵是把基本功練紮實。只要把本節所講的七招要得虎虎生風，你就已經很厲害了（見圖4-5）。

溝通工具	目的	關鍵	做法
一對一溝通	解決私下才能討論的問題	鎖定時間段 談員工主動提出的議題 進行對事不對人的工作失誤溝通	讓員工準備問題 溝通前對齊清單
即時溝通	解決慎重、緊急、難澄清的問題	即時回覆 當下解決	面談、打電話、企業微信和釘釘
電子郵件	要事公告、公開表揚、留證據	要有記錄	條理清晰
走動管理	「聞味道」，了解情，展現親和力	在員工的主場溝通	溝通比較隨意，員工沒有壓力
例會	強制溝通，設定項目檢查點	會前有計劃 會後有紀要	早會做表揚，講政策 夕會說問題，做覆盤
看板	大家同步展示，知道彼此的進度	用數字、時間、百分比進行展示	要有直覺性 紅燈、黃燈、綠燈
周報	對本周做覆盤 對下周做計劃	主管要以身作則	常規事項只寫一條 新事項每周都要寫

圖 4-5　溝通的七種武器

第一種：一對一溝通

什麼時候需要一對一溝通？

比如：開完會後，你感覺有個員工有話想說，卻欲言又止，他的眼神中流露出不知當不當說但還是決定不說的情緒；有時候你正想批評一個員工幾句，但發現四下有人，就忍住沒罵他，後來你總想著這件事，如果不說他，他不會提高。

你得有一種最有效的溝通工具，來解決上面這兩種問題。這世上有些溝通必須兩人在私下進行。一對一溝通的目的，就是解決那些只有私下才能討論的問題。

那一對一溝通怎麼做？有三個關鍵點。

第一，鎖定時間段。比如每個月和每個員工進行一次大約1小時的溝通。

第二，主要談員工自己主動提出來的議題。比如談遇到的職業困擾、家庭的情況、未來的發展規劃，而不是談工作進展。一對一溝通的目的是解決以上這些工作會議解決不了的問題，從而有效降低員工的離職率。

第三，進行對事不對人的工作失誤溝通。一對一溝通是非常重要的指出員工工作失誤的時機，主管要把這個失誤明確地講出來，但是要記住，要針對這件事本身，而不是針對這個人。不要對員工說「你不行，你怎麼這麼不努力」，這是針對人的，而要說「這件事沒有達到我們預期的效果，這件事出了幾個問題，必須加以改進」。

很多主管以為，一對一溝通就是問員工：最近有什麼事嗎？家裡還好嗎？這時員工通常會回答：沒事，家裡挺好的。然後，主管就不知道怎麼接著說下去了。

這裡有個關鍵，一對一溝通是主管發起的，員工沒有做準備，所以員工會用最簡單的方式結束溝通，也就是說，他們溝通的目的是結束溝通。為了讓溝通繼續下去，主管要讓員工發起溝通。在一對一溝通前，主管要告訴員工：你想討論什麼，有什麼問題可以先準備好，那1小時是你的。

員工準備了一部分問題之後，如果主管真的有些問題想問，

可以給員工一張清單，這張清單能讓他在溝通前有所準備。比如：

- 最近有哪些讓你特別振奮和驚喜的事情？有哪些讓你沮喪和糾結的事情？
- 你未來 3～5 年的職業目標是什麼？和公司的目標怎麼結合？
- 你最近在哪些地方可以提升？有什麼計畫？我如何幫你？
- 主管做哪些事情，你的業績可以更好？你還有什麼問題問主管？

第二種：即時溝通

有時候你給員工，告訴他這件事這麼做，結果他三天沒回覆你。你就去找他，發現他不在辦公室。算了，等他回來再說。如果這件事挺著急的，這時你就應該動用第二種溝通工具——即時溝通。

那些慎重的事情、緊急的事情，以及很難澄清的事情——就是你說兩句話，他回兩句話，很長時間講不清楚的事情，一定要即時溝通。

即時溝通有幾種方式：第一高效的當然是面談；第二高效

的是打電話；第三高效的是企業微信、飛書（Lark）[19]和釘釘（DingTalk）[20]，要讓大家養成把它們當成工作工具的習慣，企業微信、飛書和釘釘都有個功能，能讓你知道群裡有幾個人看過你發的資訊。

雖然微信、QQ也是即時溝通工具，但我建議你用企業級的工具來解決企業問題。

即時溝通的關鍵點，是即時回覆、當下解決。

第三種：電子郵件

你對員工說：我上周跟你說過的事你還記得嗎？員工一臉驚訝：啊，你說過嗎？我不記得了。

要避免出現這種情況，該怎麼辦？用電子郵件。發電子郵件有一個重要目的，把重要的事情公告出去，比如向與會人員發會議紀要，或者告知大家結論。

電子郵件也適用於公開表揚。批評要私下進行，表揚要公開進行，以號召大家學習這種行為。

電子郵件的第三個作用是留作證據。當一個員工在行為上有違規，比如遲到早退，都應該正式留下證據，發封郵件給他，同時也看看他有沒有正當的理由。這叫先小人後君子，萬一將來產生勞資——糾紛，這些記錄都是證據。電子郵件的關鍵點，是要

---

19 是一個由字節跳動開發的企業協同運作與管理平台。——編者注
20 是中國阿里巴巴集團推出的企業版即時通訊行動應用程式軟體。——編者注

有記錄。

擴展閱讀

關於電子郵件,我補充一點。現在可能會有人覺得,寫電子郵件太落伍了,是外商喜歡採用的溝通方式。我的看法則不太一樣。

外商喜歡用電子郵件溝通,或者說中國企業不喜歡用電子郵件溝通,有三個原因。

第一,企業EMAIL的普及。

雖然我們也曾經有過新浪EMAIL、QQ EMAIL、網易EMAIL等,但這些都是「個人EMAIL」。比如,尾碼是「@qq.com」的是個人EMAIL,尾碼「@microsoft.com」的是企業EMAIL。

很多公司發郵件給我時,用的都是QQ EMAIL。我就推測,這些公司還沒有完成內部資訊化,因為它們還在使用免費的網路EMAIL。

為什麼企業EMAIL很重要?假如你公司有1000人,每個人都用自己的QQ EMAIL,你怎麼記得住所有人的EMAIL?拿小本子記嗎?這就阻礙了內部協調。而如果你用了企業EMAIL,就可以從「組織通訊錄」裡直接選人發郵件,使協調效率大大提高。

美國的企業EMAIL普及率很高。有了企業EMAIL,就相當

於有了一套「帳戶系統」。基於這套帳戶系統，會慢慢開花結果，長出了各種各樣的協調方式，甚至郵件文化。

中國也有企業嘗試過做企業EMAIL。比如騰訊收購了張小龍的Foxmail後，做了騰訊企業EMAIL，但一直沒有成為主流。第二，寫郵件能力開始了逆向選擇。

一旦郵件變成了人的第一工具，它就會反過來逆向選擇人。你會不會起標題名？懂不懂結構化表達？知不知道什麼時候用「回覆」，什麼時候用「全部回覆」更禮貌？把誰放在「CC」欄更符合規矩？什麼時候用「密件副本」？什麼時候該直接回覆，什麼時候該重啟一封新郵件？如何不用一直看EMAIL，但又讓人感覺自己無時不在？請假或者出差，如何設定自動回覆消息？該不該用顏色、加粗、大字、底線等格式來強調自己的話？

只有掌握了這些明規則和潛規則的人，才能在與對方素未謀面的情況下更好地獲得對方的認可、好感甚至支持。這些會寫郵件、掌握了以上規則的人更有機會做得比別人好。相反，那些不會寫郵件、沒有掌握以上規則的人，可能會有晉升的障礙。

寫好郵件，不是晉升的充分條件，但一定是必要條件。當你讀一些高級主管的郵件時，會感覺，有一些郵件已經不只是郵件了，而是表達的藝術。

逐漸地，每一個重要職位上的人，都將成為寫郵件的高手。這就是土壤。這個土壤，又會繼續逆向選擇。寫郵件，就變成了見面之外的「第二禮儀」。

第三，移動互聯網來了。

移動互聯網來了。WhatsApp 來了。微信來了。這種極高效的即時溝通工具來了。

我們說，郵件是非同步溝通。我發郵件的時候，你不一定在電腦旁。我先發，你有空再看。但是即時溝通，是我拿著手機，你也拿著手機，我們即時對話。

即時溝通，當然比非同步溝通效率高。但是，它也有缺點，那就是不結構化。所以說，各有優缺點。

但是，寫不結構化的東西顯然要更容易一些。

這就像做內容產品，從公眾號到影音帳號，是勢不可當的。爲什麼？因爲寫文章的難度，遠遠大於拿手機自拍。能拍影音的人，遠遠多於能寫文章的人。所以，不管你有多喜歡公眾號，影音帳號都是未來。

但是，我們是從不同的起點，走向那個未來。中國企業因爲沒有經歷過完整的郵件時代，所以直接從電話時代走向微信時代。而美國企業呢，則是從郵件時代走向 WhatsApp 時代。

對中國企業和個人來說，從電話遷移到微信，太容易了。本質上，這兩者都屬於即時溝通工具。但對美國企業來說，從郵件遷移到 WhatsApp，就難很多，因爲要從非同步溝通遷移到即時溝通。這意味著，他們在郵件時代建立的所有社會共識和文化，都要被推倒重建。

所以，在中國，微信迅速變成了全部；在美國，WhatsApp

只是郵件的有益補充。

這就像信用卡和移動支付。

美國有極其完善的信用卡體系。所以，儘管 PayPal 來了，但是大部分人在大部分場合仍然在使用信用卡支付。因爲這個體系太完善了，所以 PayPal 只是有益補充。而在中國，因爲信用卡還遠遠不夠完善，本來就不習慣使用信用卡支付的你，就直接跳過了這個階段。

電商也是一樣。今天，美國的線下零售非常完善，所以，儘管電商來了，它仍然只是有益補充。但中國的零售業相對較薄弱，效率還很低，所以電商一來，立刻對傳統零售造成了摧枯拉朽的衝擊。

儘管中國已經進入了即時溝通時代，甚至進入得比其他國更徹底。但我還是建議你要學會寫好郵件。因爲，那樣的非同步溝通，更能練習你的結構化表達，節省溝通雙方的時間。

經常有人在微信上問我問題，我一般會回答：寫封郵件給我吧。然後，然後經常就沒有然後了。因爲把自己的想法結構化地表達出來，這件事太難了。但是，它又非常重要。

祝你能寫好郵件。

第四種：走動管理

你開了幾次會，每次都會問：大家最近都在做什麼啊？有什

麼問題嗎？結果沒有人出聲，大家都沒問題，你覺得有點慌，總覺得潛藏著一些風險。

這說明你離工作現場已經很遠了。那怎麼辦呢？這時你就要用第四種工具──走動管理。走動管理的意思是你不能天天坐在自己的辦公室裡，要經常走到員工中去，目的是「聞味道」，瞭解情況，展現親和力。

你要把自己的辦公室或者位置設在離茶水間或洗手間最遠的地方，這樣你每次走過去再走回來，自然都能路過所有員工的位置。這時你要想想，最近你和誰溝通得比較少。然後主動走到他旁邊聊兩句，問問他：專案最近進展得怎麼樣？你上次跟我說的那個困難，後來解決了嗎？上次我們溝透過的問題，你後來想明白了嗎？

走動管理能讓員工感受到自己被重視，知道你在隨時關注他的任務、關心他的細節。

走動管理的關鍵點，是在員工的主場溝通。這樣的溝通比較隨意，員工沒有壓力。想像一下，如果老闆把你叫到他辦公室，那是很正式的工作溝通，你多少會有些壓力；如果老闆路過你的辦公室，和你隨便聊一會兒，指導你幾句，你在自己的主場就會感覺輕鬆多了。

第五種：例會

有時你走到員工面前問他：一切進展順利嗎？他說：一切順利，沒問題。你說：挺好的，好好做。但是，沒過幾天就出了問題。你對他說：出了問題你怎麼不及時跟我說呢？

遇到這種情況該怎麼辦呢？一定要開例會。很多主管認為，開例會這件事太費時間。但開例會所費的時間，和它解決的問題比較起來，這個投入是值得的。之所以有些主管會覺得開例會浪費時間，是因為他們不會開例會。

開例會最主要的目的，是設定專案檢查點，並定期溝通。這其實是一種強制溝通，就是讓大家把想說和不想說的問題都說出來，從而預先去解決問題。

有的公司每天早會做表揚和分享，講活動政策，下班前會指出問題並覆盤。公司和部門如果不能每天開例會，至少要開週會，這樣大家才能互通有無。至於月會、季度會、年會，更是必不可少。

開例會的關鍵點，是一定要會前有計劃，會後有紀要。開會，是一種用時間換結論的商業模式。開會的投入是所有與會者的時間成本，開會的產出是會議得出的結論。

一場會議的價值 = 結論 - 時間成本

因此，一場會議要想實現高效，要嘛結論足夠有價值，要嘛時間成本足夠低。想要結論有價值，就要在開會之前確定要討論的事情，會上只討論與主題相關的問題，每個人可提前準備；開完會之後要有會議紀錄，目的是讓結論成文，便於上層和平行部門瞭解情況，也能讓與會者統一認識，指導工作。

讀完管理大師馬歇爾・葛史密斯（Marshall Goldsmith）的《習慣力》一書，我意識到，要把會開好，營造暢所欲言的氛圍，主管還要注意，停止說「這行不通」。當你的下屬跑過來和你溝通，說「主管，我覺得這件事情可以這樣解決……」時，不要下意識地脫口而出「這行不通」。

某著名互聯網公司的老闆就是這種心態。在獲得了巨大成功之後，公司想要謀求新的發展，需要探索新的領域。下屬和老闆說，公司可以去做這些事情。結果老闆連續問了三個問題：你想過這件事情嗎？你想過那件事情嗎？你想過其他事情嗎？這根本行不通啊。聽完三個問題，下屬驚出一身冷汗。在這家公司裡，幾乎沒有人能扛住這位「聰明」老闆的連環三問，這家公司的創新也因此進展緩慢。

「這行不通」背後的心智模式是什麼呢？除了想要證明自己更聰明、更有經驗，還有一個原因是想要樹立自己的權威，表明自己有精確的判斷力和強大的否決力。這種說法最大的問題，是負面情緒會像瘟疫一樣向四處蔓延，大家見到這種「聰明」老闆，會自覺地躲開，退避三舍，不和他討論。

因為無論說什麼,他最後都是一句話「這行不通」。而當他說出這句話時,就相當於在自己的辦公室門口掛上了「請勿入內」的牌子,硬生生把人拒之門外。

第六種:看板

開會時大家紛紛表態——這個專案我們要好好做,氣氛熱火朝天。突然有人對你說:我這部分做完了,你那部分得交給我了。你說:啊?我還沒有結束!對方震驚:你怎麼還沒搞定?我在等你呢!

碰到這種情況怎麼辦?準備一塊白板,把專案的進展展示到白板上,目的是讓大家同步展示,知道彼此的進度。

那具體怎麼做?

如果是銷售團隊,把每個人的業績目標貼在白板上,假設是 300 萬元,每完成 10 萬元就貼一顆小紅心,隨時更新,讓大家知道彼此的進展。

如果是專案團隊,可以用瀑布流展示(見圖 4-6)。

如果是生產團隊,白板上主要展示每天、每週的進度,離目標還有多遠。

看板的關鍵點,是用數位、時間、百分比進行展示。這能給大家帶來成就感或壓力。

看板要有直觀性,如用紅燈表示有問題,用黃燈表示有危險,用綠燈表示還不錯。

PART4 溝通　259

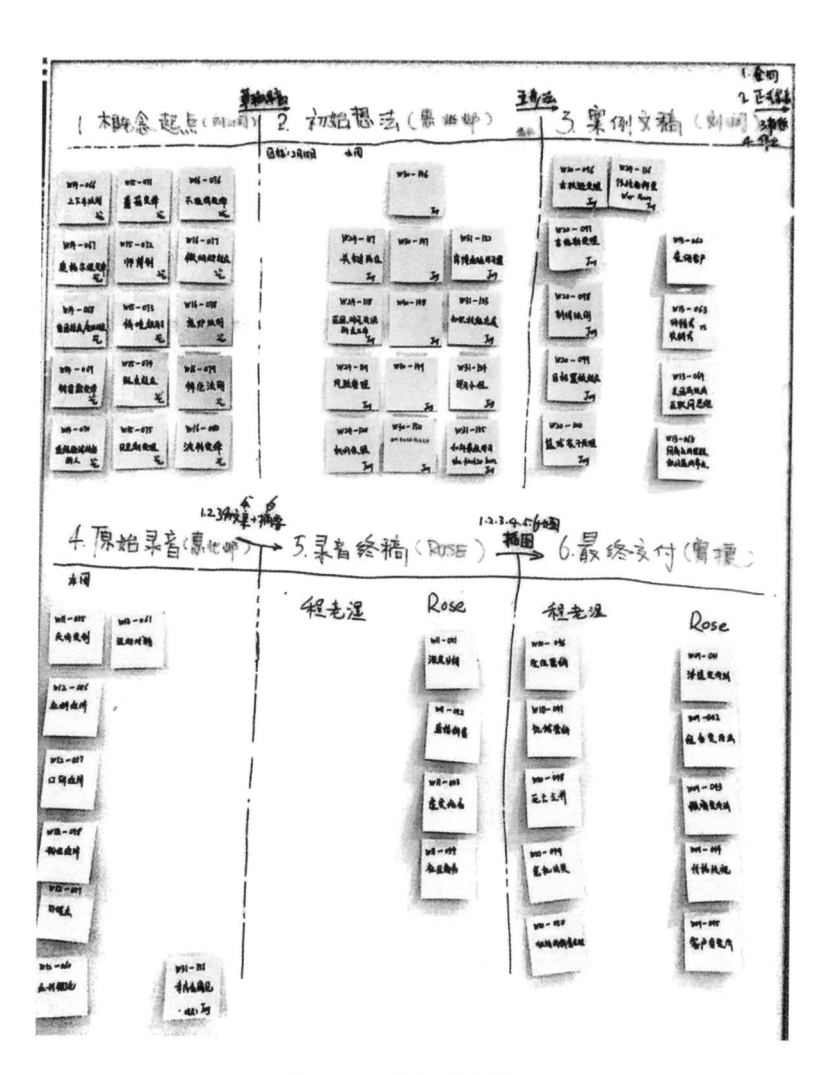

圖 4-6　瀑布流示意圖

第七種：週報

員工總是不覆盤，不做計畫，於是，你強制大家每週五對本周做覆盤，對下一周做計畫。

週報的做法是：常規事項只寫一條，新事項每周都要寫。即便這周同樣是打了 30 通電話，也要想想這 30 通電話是怎麼打的，和上周有什麼區別。這樣才能讓大家互相學習、共同提高。週報的關鍵點，是主管要以身作則。只有你帶頭寫，員工才會有寫的動力。

讀到這裡，大家可能發現了，要做好管理，主管是偷不了懶的。可能有人會說，管理好複雜，而且不性感，太難了，能不能不做呢？不做也可以，那經營得好不好，就要靠運氣了。有些事情我們必須做，儘管它很難。但難走的路，從不擁擠。

小結

○ 君子性非異也，善假於物也。溝通要善用工具。

○ 最基本的溝通工具有七種：一對一溝通、即時溝通、電子郵件、走動管理、例會、看板、週報。

○ 也許有些工具你已經在用，也許有些工具你用得還不夠熟練。不妨先從兩種工具著手，逐步從熟悉到精通，把最基本的招式耍得虎虎生風。

學員案例與感悟

範俊：我和員工的主要溝通方式是一對一溝通，這種方式確實能讓我發現很多員工日常工作中我看不到的問題點；還能透過不同員工的立場和角度，還原比較真實的工作現狀。有個倉庫員工，我看他一直很消極，想過勸退他。經過和不同人的溝通，我發現他因為一些人際關係上的小問題，和主管有矛盾。於是我從中協調，使兩個人緩和了關係，該員工的積極性明顯提高了。

塗發勝：在週報中覆盤是很好的方法。為什麼聽了這麼多道理仍然過不好這一生？我認為很重要的一個原因是沒有形成閉環，沒有覆盤。只有不斷覆盤和優化，才能取得疊加式的進步，而不是每次都在重複。

小光：低維度的溝通，尤其是一維溝通，因為資訊不全，一定要注意缺失的那個「情緒維度」。

與主管溝通，尤其要注意這一點，因為主管與你進行文字溝通時，通常很少用表情。有時候主管用微信問了一下你的專案進度，他可能是在表達對你專案進度的不滿，也可能只是單純地在問你進度，抑或是在關心你，向你示好。如果你的專案有一

> 點延期,千萬別自己瞎揣測主管的意思。面對這種情況,要努力做到把溝通「升維」,打個電話彙報一下,或者去主管辦公室面談。

流程、制度、價值觀:穿越時間的溝通機制

主管跟員工講清楚,需要降維溝通。如果主管希望提高溝通效率,想跟眾多員工和未來的員工一次性講清楚,該怎麼辦呢?

員工來問你,主管這件事該怎麼做,你耐著性子跟他說:這件事得這麼做,記住了嗎?員工說記住了,也做對了。過了一段時間,同樣的事他竟然又做錯了。你特別惱火:我不是跟你講過了嗎,怎麼會做錯?但該教還是得教。又過了一段時間,你招了一個新員工,新員工又問這件事該怎麼做,於是你又講了一遍。每天被這樣的事情煩擾,這是新任主管經常會遇到的問題。

當你每天跟不同的人講同一個問題,甚至對同一個人一遍又一遍地講同一個問題時你會覺得越來越痛苦。為什麼溝通會反反覆覆?

是因為講得還不夠清楚嗎?不是,你已經學會了「為什麼」「是什麼」「怎麼做」的表達邏輯,也熟練掌握了溝通的七種工

具。你的問題在於一遍又一遍地重複溝通。為什麼？

新員工遇到這個問題，以及老員工過段時間遇到同一個問題，是因為「以前的主管」沒有和「今天的員工」溝通過。這話聽上去有點拗口，意思是說，以前的主管沒有意識到一件事：溝通不僅要面對今天的員工，也要面對未來的員工。過去的你沒有和今天的員工做好溝通，所以，你今天就陷入煩惱了。

很多主管一直在用穿越空間的溝通工具 —— 語言，但沒有用穿越時間的溝通工具 —— 文字。

用文字和「明天的員工」溝通

語言和文字有什麼區別？

我曾去過祕魯這個國家。祕魯孕育了印加文明，這種文明非常了不起，創造了世界新七大奇跡之一的馬丘比丘。印加文明有個特點，只有口頭語言，沒有書面文字。這種文明一直是口口相傳的。

只能說不能寫會帶來一個問題：前人所做的很多溝通，後人不知道。這樣一來，寶貴的經驗教訓就會大量流失，文明就很難向前發展。當西班牙人抵達南美洲大陸後，他們僅憑 100 多個殖民者就把印加文明徹底摧毀了。這是只有語言，沒有文字帶來的悲劇。

語言是穿越空間的溝通工具，文字是穿越時間的溝通工具。很多文明無法流傳至今，正是因為它們沒有文字，因而無法穿越

時間。

為什麼青史留名的作家比演說家更多？因為演說家的溝通工具是語言，而作家的溝通工具是文字，文字能夠穿越時間。

這給我們的啟示是什麼？今天的員工之所以沒有做好，是因為你昨天沒有和他溝通。這已經挽回不了了。我們經常說，種一棵樹，最好的時間是十年前，其次是現在。現在你要懂得跟「明天的員工」進行穿越時間的溝通。

所謂穿越時間的溝通，就是形成書面的流程、制度和價值觀，讓溝通可以穿越時間。流程、制度和價值觀都是面對未來的溝通工具。

優秀方法、做事邊界、決策依據

流程，是讓方法論穿越時間的溝通工具；制度，是讓合規性穿越時間的溝通工具；價值觀，是讓決策力穿越時間的溝通工具。那我們怎麼用這三種工具呢？具體見圖 4-7。

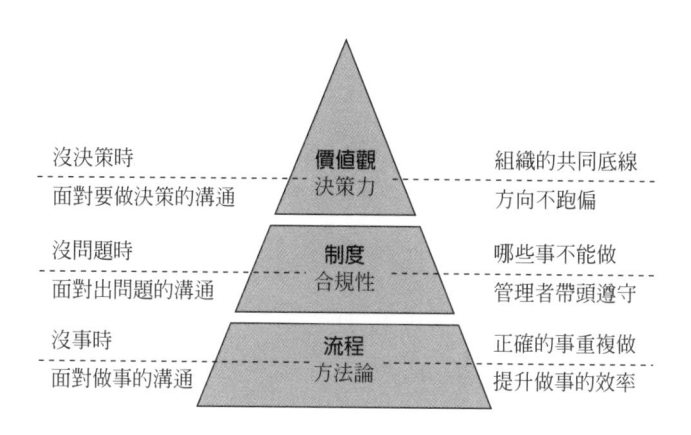

```
沒決策時            價值觀         組織的共同底線
                    決策力
面對要做決策的溝通                  方向不跑偏

沒問題時             制度          哪些事不能做
                    合規性
面對出問題的溝通                    管理者帶頭遵守

沒事時               流程          正確的事重複做
                    方法論
面對做事的溝通                      提升做事的效率
```

圖 4-7　流程、制度、價值觀

· 流程

什麼是流程？流程，是方法論穿越時間的溝通工具。流程可以清晰地告訴你第一步、第二步、第三步怎麼做。制定流程的目的是提升做事的效率，把正確的事重複做。

整個公司就是個大流程，公司的小團隊有自身的特殊性，有自己專門做的事，要給自己制定專門的小流程。制定小流程有個辦法，叫「最佳實踐」。

舉個例子，我們公司潤米諮詢要寫自己的微信公眾號文章。寫公眾號文章的方法論和寫《5 分鐘商學院》課程的方法論不太一樣，我們不斷嘗試，每次有高閱讀量的文章出現時都會總結，最後形成了一套實用且高效的寫公眾號文章的流程。

第一步，找到靈魂。如果讀者讀完一篇文章之後，能夠收穫

一個感悟、一種認知或一套方法,那麼感悟、認知或方法就是這篇文章的靈魂。

第二步,設計骨架。骨架是文章的邏輯結構,骨架要清晰連貫,瀑布式地一路到底。

第三步,加入血肉。要往文章裡加入案例、數字和故事,這樣才能讓文章變得豐滿、有可讀性。

第四步,穿上皮膚。所謂皮膚,是指對文章的措辭、分段、關鍵句進行優化。

這四步就是我們寫公眾號文章的流程,新員工一旦加入潤米諮詢的新媒體部門,就要按照這個流程來寫文章。昨天寫好的流程,能夠教今天的員工怎樣寫作。因此我們說,流程是讓方法論穿越時間的溝通工具,流程能避免重複造輪子。

· 制度

什麼是制度?制度,是讓合規性穿越時間的溝通工具。制度會把醜話說在前頭,提前告訴員工哪些事不能做,做了會怎樣;制度也會告訴員工哪些行為受到鼓勵。

有的制度,比如9點要準時上班,員工很難理解:為什麼我一定要9點上班?我10點上班,7點下班不行嗎,我不也工作了8小時嗎?

所以你還要講清楚,這項制度背後的邏輯是大家要實現協同工作,這就需要大家在同一個時間段裡做事,以便,隨時能找到

人。如果別人 9 點上班，你 10 點上班，那別人 9 點找你合作是找不到的；同樣，別人 6 點下班，你 7 點下班，那你 6 點半找別人合作也往往是找不到的。所以，大家基本在同一個時間段上班，是合作的重要基礎。

那麼，流程和制度的區別是什麼呢？

我聽說過一種關於「章法」的巧妙解釋：「章」是制度，「法」是流程。

「章」（制度），是規定，是契約，關注的是什麼能做，什麼不能做；「法」（流程），關注的是做事的方法、做事的順序，是如何做。

當你有了制度，有了流程後，恭喜你，你就是一個做事有「章法」的人了。

· 價值觀

價值觀，是讓決策力穿越時間的溝通工具。時刻牢記價值觀，方向才能不跑偏。

價值觀溝通的是決策依據。每個人每天都要做出很多決策，不可能做到全都經過彼此溝通。那怎麼才能保證方向不跑偏呢？我們需要確立一個價值觀，作為未來所有決策的依據。王石[21]曾

---

21 中國企業家，萬科企業股份有限公司創始人，現任深石收購企業有限公司創始人。——編者注

給公司定下底線，絕不行賄。有贊公司[22]在初創期就定下價值觀：「絕不收客戶的禮」。

為什麼不收禮？一方面，公司為客戶服務是應該的；另一方面，一旦收了禮，公司做事的立場就會有偏頗，所以「絕不收客戶的禮」。

樹立了這個價值觀後，大家做事就會保持高度的一致性。有客戶送禮，就會說「對不起，我不能收禮，也不該收禮」；如果客戶不打招呼就寄過來，有贊會把禮品放在展廳或過道裡售賣，售出後再把錢捐出去做公益。這樣，大家就共同維護了做決策的底線。

我們潤米諮詢也有兩個重要的價值觀：捨滿取半[23]和正直。李嘉誠先生說，他可以賺8分，但他只賺6分。剩下的2分是對社會的善意、對世界的存款。所以，和別人合作，每件事情我們都會想辦法做到最好，然後捨滿取半。你對世界釋放更多的善意，才會收穫更多的情感帳戶。賺錢和正直如果發生衝突，我會選擇正直。曾經有人找我「合作」，說錢已經準備好了，能不能在文章裡面加一句拉踩競爭對手的話，隨便怎麼寫，只要寫了就行，但我們不會接受。

所以記住，流程、制度、價值觀的背後，其實是一種溝通機

---

22 總部位於中國杭州的電商平台，全名為杭州有贊科技有限公司。——編者注
23 意即能做到100分，但是只做到80分，剩餘的20分空間留給自己修身養性。——編者注

制。它們溝通的是什麼？我們把今天優秀的方法、做事的邊界、決策的依據，和未來的團隊做了一次溝通，這是跨越時間的溝通。流程偏重於執行的方法，制度偏重於行為是否犯錯，價值觀偏重於決策是否偏離了方向。

小結

主管溝通的對象，不僅是今天的員工，還有未來的員工。

流程，是讓方法論穿越時間的溝通工具；制度，是讓合規性穿越時間的溝通工具；價值觀，是讓決策力穿越時間的溝通工具。

所有的文字，都是語言的子集，都是彆腳的。文字可能產生歧義，但是歧義不能掩蓋文字的巨大意義。我們可以不斷修正文字，但是不能沒有文字，沒有面對未來的溝通工具。

流程和制度的演化過程，是一個從沒有到複雜，到精簡，再到精妙，然後推倒重來的循環過程。

這就是我們面對未來的一套溝通機制。每個員工和主管，都要知道流程、制度、價值觀的底層邏輯，要懂得利用這些工具面對未來做溝通。

學員案例與感悟

EdenWang：之前我對價值觀是不太感冒的，認為它比較虛，是高層領導談的東西，對我們這些在一線幹活的人來說沒什大用。但是後來跟一個大廠的朋友聊天，他在他們做決策的時候，如果遇到兩種方案都可行，從技術、市場、成本等方面都無法做出決斷的時候，那麼最後的判斷依據就是價值觀。我聽後感覺比較震撼，我突然理解了，原來價值觀是一個公司之所以成為今天的樣子，未來又會成為什麼樣子的底層邏輯。

周樹濤：不要每天重複同一個故事。

把方法固定成流程，這樣就不用一遍又一遍地培訓方法；把規則制定成制度，這樣就不用一遍又一遍地宣貫規則；把判斷依據提煉成價值觀，這樣就不用一遍又一遍地指導決策。

小光：公司規定追回來壞帳，會有相應的提成。有些專案主管很「聰明」，跟甲方合謀，故意不讓甲方按時給錢，等形成壞帳了，專案主管催討之後甲方再付錢，最後公司給的提成由專案主管和甲方平分。不少制度的出發點是好的，但執行起來就變了味。只靠制度管理，是遠遠不夠的。企業文化就是這些漏洞、這些規則之縫的終極補丁。

能接受：避免陽奉陰違

我們講完了溝通要做到的「想明白」和「說清楚」，接下來講第三部分「能接受」。

在跟員工溝通完之後，你有時可能會覺察到他流露出了「憑什麼是你當主管？」的情緒。你發現你跟他說什麼事，他總是持拒絕的態度，甚至當面質疑你，要嘛就是陽奉陰違。

但事情總得做，「惹不起，躲得起」不是長久之計，那怎麼辦？有些人選擇了一種辦法——樹立權威。

「他為什麼這樣對我？我到底做錯了什麼？」你先是覺得委屈，再發展成憤怒，然後開始新官上任三把火，殺雞儆猴，從而樹立權威。

服從性測試

有的人是這麼樹立權威的，他跑過去跟老闆說：老闆，我要和員工區別開來，我要一間特別大的辦公室。為什麼？員工進入辦公室之後，看到主管坐在大椅子上，自己坐在小椅子上，立刻會明白雙方地位的不對等，利用這種形式上的不對等造成心理上的不對等，可以形成一種壓制。

還有的管理者喜歡帶隨從，讓下級幫他拾包、打傘、開車門。有一次我在機場接駁車上遇到一個人。他一坐下來就發微信

罵助理：你怎麼把我的箱子收拾得這麼重？裡面都放了什麼東西？你怎麼不和我一個航班？真是沒有腦子。這時，他看到另一個人上了接駁車，態度立刻就變了，恭恭敬敬地上前幫忙把箱子拎上車。我猜這個人一定是他的主管。

有些主管甚至喜歡逼員工喝酒，要求員工在他們面前把三杯酒乾掉。

還有些主管喜歡用言語營造壓迫感，製造不平等。例如，「我不明白你在說什麼」，這句話其實是在對員工表達一種極度的不耐煩：你在說什麼，連你自己都沒有想清楚，就來找我說。

有些主管會對員工說「直接講重點」。下屬正在會議室裡滿心期待地講著自己的計畫和方案，精美的 PPT 還是昨晚通宵加班做的。但是主管才聽了幾句就不耐煩了，一直催促著說：「下一頁，下一頁……不用說了，我自己先看一看……再下一頁，嗯，好，我看得差不多了，你直接說重點。」這句話背後的心智模式，是想表達你說的全是廢話，你說的我全都不關心，別浪費我的時間了。這是想告訴別人：我的腦子轉得特別快，我已經知道你想說什麼了，你根本不具備用最有效的方式表達觀點的能力。

當一個主管說出「我這人說話比較直」時，看上去他好像是想說我是個直接的人，其實他的潛臺詞是：下面我說的話可能會傷害到你，但是對不起，我對此毫不在意。而說出「我就是這樣的人」的人，則是把自己的缺點標榜為特點：也許這是我的缺

點，但是對不起，我不打算改了。會說這兩句話的主管，放棄了用員工更能接受的方式去溝通交流，也放棄了改變自我的意願。

以上這些言行都會形成一種壓制，屬於服從性測試，目的是強化地位的不平等，樹立自身的權威。有些主管是無意識間這麼做了，他們是被不良的職場文化潛移默化地影響了。有些主管則是刻意進行服從性測試，他們往往還會有後續的手段── 如果不服從，我就開除你，讓那些願意服從的人來做這件事。

可是，這樣有用嗎？

沒用。這些「樹立權威」的辦法，本質上都是透過服從訓練來提高「陽奉度」（就是表面上奉承你的態度），但是無法降低「陰違度」（背後他不做你指派的任務或只是假裝做了任務的態度）。而員工陽奉陰違，是不能把事做好的。所以，這些「樹立權威」的辦法是沒用的。

甚至，今天面對「90後」、「00後」的年輕人，這些辦法連提高「陽奉度」的效果都沒法達到。

網上流傳著關於不同年齡段員工離職原因的種種說法：

「60後」：什麼是離職？

「70後」：為什麼要離職？

「80後」：有收入更高的工作，我就離職。

「90後」：主管罵我，我就離職。

「95後」：感覺不爽，我就離職。

「00後」：主管不聽話，我就離職。

今天你還敢用服從性測試來樹立權威嗎？從「90後」開始就不吃這一套了。樹立權威的本質其實是降低接受的成本，「我說了之後你們就必須執行」。很多公司一直在強調執行力，這對「60後」「70後」是管用的，因為「60後」是不辭職的一代，「70後」是不敢辭職的一代，他們為生活所迫，必須「陽奉」。可是現在不同了，面對今天的員工，你沒法強調執行力，因為他們不聽你的。

建立足夠的信任

一味地強調執行力的原因是「主管力」的缺失，無法讓員工接受自己的決策。員工之所以不接受你的決策，通常並不是因為對這個決策本身有異議，而是他不能接受你，他和你之間沒有基本的信任。

主管實行服從性訓練，效果是有限的：第一，只能對一部分下屬有用；第二，只在一段時間內有用；第三，只是表面有用。

我們在前面講過，恐懼這種張力，雖然強烈但是短暫，一旦逃離了你給他製造的恐懼之後，員工就不會再聽你的了。比如有一天，他調到了別的部門，就再也不會理你了，因為他逃離了恐懼；或者有一天，他發現自己不在乎這幾個工錢了，雖然還在你的部門，他也不會聽你的了，因為他要逃離恐懼。

那怎麼辦？請你反過來想，反求諸己：員工不能接受，是不是因為我沒有讓他產生足夠的信任感？你做到了想明白、講清

楚，最後一定還要讓員工能接受，而不是強制其執行。

權力是接受者賦予的，員工只要不接受，管理者就沒有權力。我們在前面講過，如果員工不能理解，他就不會用腦，只會用手；如果員工不能接受，他就不會用心，只會用腦。我們一定要讓員工的手、腦、心同時使用，最大化發揮他們的創造力。

那具體怎樣做才能讓員工接受呢？

讓員工接受的四個辦法

除了之前介紹的四種話術，你還可以用四個辦法讓員工接受（見圖 4-8）。

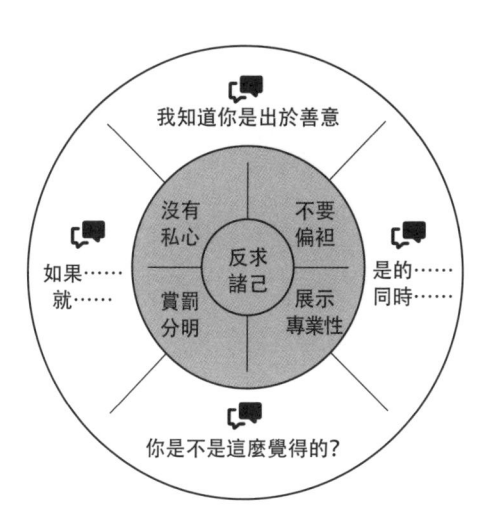

圖 4-8　四種話術、四個辦法

・沒有私心

信任來自員工對你的品德的信賴,以及對你沒有私心的肯定。所以,你一定要反求諸己,看看自己在與員工溝通的時候,是不是藏了一些私心。比如這件事是有助於你升職的,所以你安排員工去做,這就是所謂的私心。

所以,你要在剛認識員工的時候,展示自己的品德和沒有私心。在這個位子上,你會對大家共同的業績負責,但你對用不良手段獲得業績這件事完全沒有興趣,你要用實際行動來證明這一點。

・不要偏袒

主管應該不偏袒那些經常在他身邊的人,不偏袒那些對他好的人,不偏袒那些主動諂媚他的人。

怎麼才能做到不偏袒?主管不要跟任何一個員工走得太近,一旦走得太近,就容易造成偏袒。就算你覺得自己沒有偏袒,別人也會覺得你有偏袒。

比如有個部門的員工與主管走得很近,每隔幾天就會關起門來討論事情,常常大聲說笑。這給人的感覺就很不好,不僅已經越過了上下級關係,而且還可能造成員工「干政」的風險。再如,主管單獨邀請員工到家裡吃飯,越級透露資訊,與下屬談論另一個下屬的過失,這些都屬於親密無間的事,最終效果會適得其反。

‧賞罰分明

主管需要具備嚴厲的一面，就是有賞有罰，不懦弱。很多主管喜歡表揚和獎勵員工，因為員工受到表揚和獎勵後會很感謝他，他很享受這個過程。

但是，員工犯了錯誤之後，他卻不敢懲罰，因為懲罰可能會引起衝突，很多人是害怕衝突的。一旦不懲罰那個犯錯的人，做對的人就會覺得特別不公平。他們就會因為你的懦弱而不敢相信你。

所以，主管要敢於懲罰錯誤，要做到賞罰分明。

‧展示專業性

主管可以先透過做對小決策，來展示專業性。第一次決策，大家沒想到你居然是對的。第二次決策，你還是對的。如果你連續做了三次決策，都是對的，他們就會覺得你這個人很厲害。大家跟著你不就是為了把事做成，共同分享利益嘛！

如果你總是對的，他們就不會質疑你的專業性了，就會願意聽你的。

小結

溝通的要義是想明白，講清楚，能接受。

服從性測試有用嗎？沒用。你只能獲得陽奉，它的副作用是陰違。如果你的下屬是年輕人，甚至連陽奉你都得不到。樹立權威，不是耀武揚威。

怎麼辦？你要反求諸己：員工不能接受，是不是因為我沒有讓他產生足夠的信任感？

除了第 1 章講的四種話術，還可以用四個辦法提高員工的接受度：沒有私心、不要偏袒、賞罰分明和展示專業性。

學員案例與感悟

懷寬：我和員工商量工作計畫的時候，經常說「不」，結果就是後來大家光聽我講，不再說自己的想法，這比我說「但是」還要嚴重。面對很多難搞定的客戶，我以身作則，自己去攻堅，但這也帶來了一個問題：一旦碰到難搞定的客戶，員工就把難題丟給我。這個問題的根源是我沒有和員工溝通好，沒有透過問題引導的方式將銷售方法變成員工自己的結論。而且我

賞罰不明，當員工沒拿下新客戶時，他們自己的利益卻沒有多大損失，他們自然就不會往前沖。此外，我和員工稱兄道弟，也導致我無法做到賞罰公正。潤總的這次講授，讓我明白在很多方面自己都需要做出調整。

大樹：我的部門裡有兩位老員工是老主管培養起來的，他們在心裡從沒有把我當成主管。我忍住了把他倆調走或開除掉的衝動，畢竟他們挺能做的。同時，我採取了一系列措施。

先是向上溝通。我也是老主管培養和提拔起來的，我就直接找老主管說明問題，尋求支持，讓老主管敲打他們，至少工作上不能越級彙報。即使他們是老主管的耳目也無所謂，至少在正式的工作上，要承認我的主管地位。

再是向下處理。我坦誠地與他們交流，表達對他們的尊重，並強調他們對我的重要性。同時，我還分析利弊，指出我坐這個位置比陌生人空降對他們更有利。此外，我也明確表示，在公事上我沒有私心。

結果還不錯，至少在表面上，這兩位老員工在公開場合已經能夠接受我的主管了。

PART5

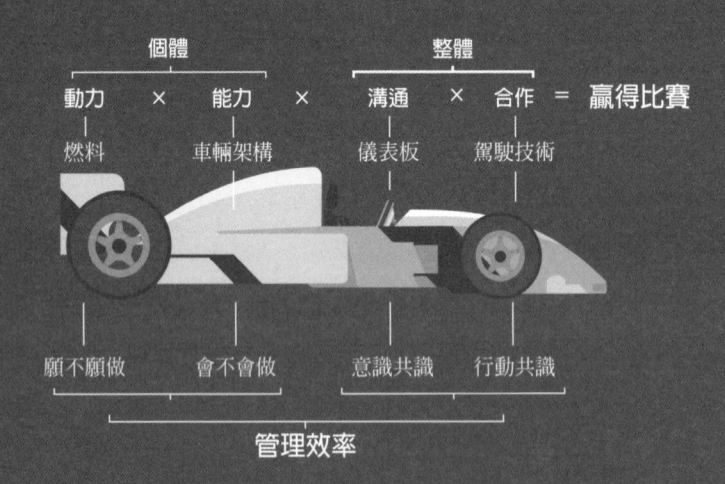

合作

```
         個體              整體
    ┌─────────┐      ┌─────────┐
    動力 × 能力  ×  溝通 × 合作  =  贏得比賽
    燃料  車輛架構   儀表板  駕駛技術

    願不願做 會不會做   意識共識 行動共識
    └──────────管理效率──────────┘

              突破自然效率
```

執行靠閉環
可靠就是做到三件事
3W 方法,「工具+ 流程」

提高靠循環
可以不完美,但不能不提高
PDCA 循環
用PDCA 提高客戶滿意度

發展靠規劃
僅靠戰術上的勤奮,打不下明天的山頭
看五年,想三年,認認真真做一年

健康靠文化
社會合作離不開人性、道德和法律
打造健康生命體的三個建議

格局靠授權
心裡多裝人,授予決策權
授權的五個級別

效率靠流程
把複雜的事情、類似的決策標準化
流程的建立、優化和固化

簡單回顧一下。在目標是「突破自然效率」的這輛賽車裡，動力是燃料，能力是車輛架構，溝通是儀錶盤，合作是駕駛技術。這四樣東西的高效合作，才能贏得勝利。用一個公式表示，就是：

管理效率 = 動力 × 能力 × 溝通 × 合作

前面幾章，我們講完動力、能力和溝通，接下來的這章，我們主要講合作。

如果說溝通的目的是要達成團隊的意識一致，那麼合作的目的就是要達成團隊的行為一致。

從員工晉升到主管，過去的你很擅長做一名出色的樂手，現在的你則更像是樂隊指揮，指揮整個樂隊的演出。

什麼是指揮？

指揮是團隊中的靈魂人物，透過指揮的協調，部門的所有人能發揮出最佳潛能，做出最好的貢獻，從而達成部門的目標。

執行靠閉環

很多新任主管有過這樣的經歷，你給員工交代了一件事，之後就石沉大海、杳無音信。後來你忍不住去問他，他就說：「對不起對不起，我忘了。」你非常惱火，說：「這麼重要的

事情，你怎麼能忘了呢？」他說：「那我趕快做。」

還有些時候，你去問員工事情做得怎麼樣了。他覺得很奇怪，說自己已經做完了。你責問他：「你做完了怎麼不告訴我一聲？」他沒有頂嘴，但覺得很驚訝：我做完了還要再告訴你，這不是浪費彼此的時間嗎？

你很痛苦，覺得員工特別不可靠，有時他忘記做了，有時他做了又不告訴你，你也不知道任務到底有沒有完成。不可靠，本質上是出現了管理漏洞，這個漏洞看上去很小，它有個名字叫作「不了了之」。「不了了之」看上去是小事，但是可能造成最重大的管理問題。今天是紙巾不見了，明天可能是資料不見了，後天可能是重大資產不見了。

可靠就是做到三件事

「不了了之」或者不可靠這個問題，是員工的錯嗎？可以說是，也可以說不是。

為什麼是？羅振宇老師曾對「可靠」這件事做過解讀。可靠就是做好三件事：凡事有交代、件件有著落、事事有回音。這話講得特別好，引起了很多人的反思（見圖 5-1）。但也有創業者反映，他把這句話貼在牆上了，並且要求員工一定要做到，但他們就是做不到。他心想：難道這句話不對嗎？還是這句話只是好在充滿韻律感的排比句式上？

```
         凡事有交代              系統
              ↑                   ↑
             主管            件件有著落
                             記錄、跟蹤、提醒
```

內圈：
- Who 指定人
- What 說清事
- When 卡時間
- 釘釘 / 企業微信 / 滴答清單 / Teambition / 白板 / 日程表……
- 接受者完成任務 / 發起者放棄任務

事事有回音
↓
閉環

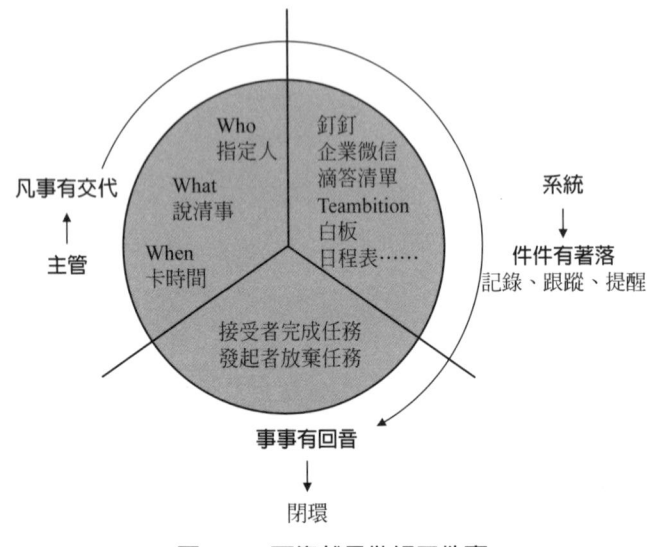

圖 5-1　可靠就是做好三件事

我們可以希望每個員工都做到這句話，但不能要求他們必須做到。因為這個要求對員工來說太高了。

如果你只交代員工一件事還好，做到可靠並不難，但如果你交代他 3 件事、5 件事、8 件事甚至 20 件事，這就會帶來兩個問題。

第一，從數量上說，根據米勒法則（Miller's Law），一個人的大腦最多能同時記住大約 7 件事，一般人只能同時記住 3 件事，但你一下子交代了他 10 件、20 件事，他是記不住的。

第二，從重要性或難易度的角度來說，你交代他的事情可以分為大事、小事，或者困難的事、簡單的事，還可以分為慎重交

代的事和隨口一說的事。員工可能會權衡，先做大事、重要的事、緊急的事，過段時間，其他事他可能就忘記了。

你做到了凡事有交代，但當員工連你交代的任務都可能沒記住時，後續的件件有著落、事事有回音自然也就不可能實現。那怎麼辦呢？

如果你真的期待凡事有交代、件件有著落、事事有回音，你就要記住，它不應該靠你對員工的期待去實現，而是要引入一種工作方法——閉環。

執行靠閉環。

我們先來看一個故事。我從 2013 年底開始給海爾（Haier）做戰略顧問，跟海爾打過很多交道。有一次我的同事給海爾的前臺打電話，說要找某某主管。前臺說暫時沒查到，一會兒回電。我打過很多公司的電話，一般情況下前臺說回電是不可靠的。結果半小時後海爾的前臺回電了，說這個部門確實沒有這位主管，很抱歉。

當時我都震驚了，這麼大一個公司，前臺每天都會接到無數的電話，這樣一件小事都能及時回電，說明他們很可能真的做到了件件有著落，事事有回音。

一件事有了始，就一定要有終，有了起，就必須有落，這就叫作閉環。

在一個團隊裡，建立閉環的工作方法，讓任務有始有終，是合作的起點。讓任務完成得越來越好，是合作的更高境界。

那麼，怎麼實現任務的閉環？

閉環，就像是 4×100 米接力跑。上一個人跑完，把接力棒交給下一個人，而不是往空中一扔。下一個人必須拿到接力棒再開始跑，才有效。所以，閉環裡必須有一個明確的「交棒」的過程。

「交棒」過程可以非常簡單，但必須有。比如，從回覆「收到」開始。

有人在群裡說，大家記得明天交報告啊。群裡鴉雀無聲。但他自己覺得，我已經說過了，第二天不交就是你們自己的問題了。這就是「把棒往空中一扔」。

潤米諮詢有個約定，也許可以供你參考。當有人在工作群裡 @ 一個人時，這個人必須快速回覆「收到」。這個「收到」，表示 @ 者表達的觀點，對方聽到了；交代的任務，對方接受了；給出的時間表，對方明白了。群裡的其他內容，你可以慢慢看，但是 @ 你的內容，你必須快速回覆「收到」。因為這就是一次「交棒」。只有一次次不落空的交棒，才能保證任務走完自己的生命週期，完成閉環。

這只是一個小辦法，保證接力棒不落地。那麼，構建一個完整的任務閉環「凡事有交代、件件有著落、事事有回音」，應該怎麼做？

介紹給你一個 3W 方法。

3W 方法,「工具 + 流程」

構建一個完整的任務閉環,分為三個步驟,正好對應了羅振宇老師的三句話。

第一步,凡事有交代。

交代一件事,是主管的工作。怎麼交代呢?

記住一句話:誰在什麼時間點前做完什麼事情（Who do what by when）。我們也稱之為「3W 方法」。Who 就是指定人,What 就是說清事,When 就是卡時間。

首先,主管必須交代清楚由誰來做。你不能說這件事「你們」去做一下。「你們」是誰?只要你沒指明具體由誰來做這件事,就可能沒有人來做。

如果任務需要幾個人來合作完成,那麼就分解任務,分別指派每個人做什麼。而不是說,你們一起把這件事做了。因為,責任除以 2 等於 0。

其次,主管必須說清楚事情。你不能對員工說,最近形勢不好,你去研究一下。員工聽了會一頭霧水。你要講清楚,比如:你去研究一下,95 後對化妝品品類的需求發生了哪些變化。這是一個比較明確的「事情」。

最後,主管交代任務時一定要說明最後期限。

我們經常對員工說:×××,你有空時幫我把什麼事情做一下。什麼叫「有空時」?沒有具體的最後期限,可能就永遠不會

有有空的時候。

這世界上的工具可分為兩種。一種是想用就用的「主動工具」，比如螺絲刀。主動工具想用就拿出來，不想用也可以不用。主動工具可以在你想工作的時候，幫你提高工作效率。但是，主動工具不能幫你「想」要去工作。

另一種是不用不行的「被動工具」，比如流水線。配件在傳送帶上一直往前走，你無法叫停整體進度，唯有配合。被動工具可以把你的個人能力放到大局中，使你在他律中不斷調校自己，從而與你攜手前行。

很多人「深受觸動，但沒有行動」，是因為他們有一大箱的主動工具，卻沒有一件被動工具。

「最後期限」，就是最典型的被動工具。

老闆讓你寫一份報告，你構思了好幾天，然後打算用懸掛式提問開頭（這是主動工具），用三千尺瀑布的邏輯位能梳理報告的邏輯線（這是主動工具），用峰終定律「上價值」來結尾（這還是主動工具），但是一頓構思猛如虎之後，你什麼也沒寫。腦中已千回，紙上無一字，這是為什麼？

因為你缺一個最後期限。

第二步，件件有著落。

「凡事有交代」的主體是主管，「件件有著落」的主體是系統。系統就是「工具＋流程」。如果沒有系統會怎樣？你就會天天追著員工問進展，這件事怎麼樣了，那件事進度如何。這樣做

的前提是兩個人都得記住任務，而記憶是很不可靠的。所以，要把記錄這件事從你倆的腦海中拿出來，交給可靠的工具。

今天我們有各種各樣的工具，如企業微信、飛書、釘釘、白板、進度跟蹤郵件、貼在電腦上的小紙條、便利貼、日程表等。主管說完事情，讓祕書記下來，盯著進展，這樣的工作跟進系統也是個辦法。

舉個例子。「劉潤」公眾號一年要發表 365 篇原創頭條文章。這 365 篇文章涉及幾百名被採訪人物、上千個候選選題，所以隨時都有十幾篇文章在主筆和編輯之間來回流轉，非常容易出錯。那麼，如何保證每一篇文章都「件件有著落」，而不「掉在地上」呢？

用工具＋流程。

我們在公司的系統裡建立了一個「寫作」的瀑布流，分為四步：新選題、寫作中、待發布和已發布。

我的工作是把我在諮詢、私董會、遊學參訪、採訪交流中獲得的感悟，用語音的方式錄成選題，放到「新選題」檔案夾裡。每週五下午，主筆要從這個檔案夾裡調走下周要整理寫作的文章，並拖到「寫作中」的檔案夾裡。寫完並得到編輯確認後，移到「待發布」的檔案夾裡，等待排期。等文章正式發布後，移到「已發布」檔案夾裡，留存備份。

我的任務，是保證「新選題」的檔案夾裡，始終能有幾十個可以寫的選題供主筆挑選。如果選題太少說明我最近不夠勤奮。

主筆的任務，是保證按時按質地把選題變成文章，並送入「待發布」檔案夾。他們最大的「對手」是編輯。因為編輯守在「待發布」的門口，檢查每一篇文章。不合格的，就會打回重寫。

對編輯的要求，就是保證「待發布」的檔案夾裡有足夠多的高品質文章，隨時可以發布。只有足夠多的高品質文章，才能保證公眾號的營運安全。數量少了、品質不高，一定是管理上出了問題。

有了這麼一套「工具＋流程」之後，你會發現，每天有大量的文章，在不同的檔案夾裡來來回回地跑動。但是，不會有任何一篇文章「掉在地上」。

這就是「件件又著落」。

第三步，事事有回音。

一旦任務啟動之後，只有兩種可能，第一種可能是接受者完成任務；第二種可能是發起者放棄任務，沒有第三種可能——不了了之。

不了了之，就是任務沒人做，也沒人查。大家就當沒看見，這是絕對不可以的。

在有的公司裡，很多事情都是不了了之的。主管交代的事情，過段時間後自己可能就忘了，員工也不提，這件事最後就神奇地消失了。

任何一件事情，在公司裡都不能消失。我們說，消失就是被

「空氣吃掉了」。空氣今天能吃掉不重要的事情，明天就能吃掉重要的事情。

所以，一個好的管理者，絕不能允許任何一件事情不了了之。

那怎麼辦呢？

你可以改指定人，改事情，改最後期限，甚至任務也可以「明確」放棄掉，歸入放棄這個目錄裡，但是不能被默默地刪除。只要不刪除，你一打開系統，就會看到那些還沒有著落的事情。

凡事有交代，件件有著落，事事有回音。

做到以上這三件事，一個完整的閉環就形成了。一旦形成之後，一個個小閉環就會像無數個小輪子，推動團隊和公司不斷進步與增長。

小結

團隊合作的目的，是高效完成目標和任務。合作就要有合作的介面，這個介面是一個個閉環。小的閉環形成不了，那後面的所有任務都會因為有漏洞而千瘡百孔，那我們就先構建小閉環。

怎麼構建閉環：凡事有交代，件件有著落，事事有回音。一

個任務，要嘛接受者完成，要嘛發起者放棄，但不能沒有回音，不了了之。

我們期待員工有「主動回饋」的自律，但不能把期待當成是要求，因此我們要有「被動提醒」的他律。

構建閉環是主管管理團隊的基本功。

學員案例與感悟

李沫：我的主管是非常關注閉環的，最初我並沒有重視起來，認為那麼小的事就不用彙報了，我儘快完成就行。有一次主管對我說，我知道你會辦好，但我在等你給我辦好的時間節點，這樣我才好繼續推進下一件事。聽完我才恍然大悟，之前把事情想簡單了，其實很多工是為下一步或者更大的任務做鋪墊，需要對後面的環節有交代。

航哥很帥：任務如果經常不了了之，會造成以下兩種情況：一是讓接受任務的人覺得任務不完成也沒事，主管不會說什麼，以後的工作也可以不完成；二是質疑主管的權威性，這個任務也許就是個偽需求？主管怎麼分配這種任務？

習習：有一種專案會完成得比較好，就是客戶提出的時間緊、任務重的專案，一般得倒推時間來安排節點和任務。既然是客戶重點專案，肯定有專門的專案負責人來盯進度，協調問題。所以，其實大家是可以按照流程做事的，但如果沒有工具來幫助，大家就會懶散和懈怠。現在我們已經優化成敏捷開發模式了，週一會發出本周任務清單，將任務分解到每一個人；周中會有一次跟進，確認進度完成情況，有無需要協助的內容；週五有進度評審，如果沒有完成，要說明被什麼事情耽誤了以及解決方案是什麼。

鳴人：可靠是可以練出來的。我們有個員工，之前非常不可靠，交代給他的事，要嘛忘了，要嘛做完了不回饋。我每次都得追問，他才想起來告訴我。

於是，我刻意地去磨練他，讓他每天寫日報，記錄自己一天的工作；交代給他一個任務之後，每天問一次進度，他被問得煩了，就學會了主動彙報，即使沒做完，也會給個時間節點；我還讓他把手頭的工作記錄在 Teambition 裡，這樣我能夠隨時看到他是否完成，若是有需要我協助完成的工作，還可以把我添加為執行人。透過不斷地磨煉，他慢慢學會了主動回饋，我與他的合作也越來越順暢。有一次，看到一個難纏的客戶在微信中誇他專業可靠，我特別開心。

提高靠循環

上一節我們講了「執行靠閉環」，因為沒有閉環很多事就會不了了之。這一節我們講「提高靠循環」。

我們先來看一個常見的誤區。

很多人剛成為主管時最喜歡說一句話：盡力做好當下的每一件事，把它們做到極致，然後美好就會自然呈現。

可是，這句話對嗎？

我認為，這句話其實並不對。這句話聽上去很美好，但它還有一個俗名，叫「西瓜皮戰略」。意思是，做好當下的事情之後，呈現出來什麼就是什麼。你估計結果是美好的，但萬一不美好呢？這就像你踩在一塊精雕細刻的西瓜皮上，滑到哪裡是哪裡。

為什麼結果可能會不美好呢？

那是因為，你把每一件事都做得很好，但可能方向是錯的。西瓜皮滑得越快，就越可能撞上南牆。

可以不完美，但不能不提高

再進一步說，當下的最好其實你也做不到。

剛升任主管的你有很大的機率會接到的不是一支「夢之隊」，因為「夢之隊」通常不會被交到一個完全沒有管理經驗的人手上。所以追求當下做到最好，其實是不太可能實現的。而你的員工做不到，你會很痛苦。這一現實情況同樣說明，追求當下

的最好不是一個好戰略。

其實,「最好」是一個終極目標,沒有人可以一步達成。主管帶領團隊的時候,雖然心裡裝的是終極目標,但是行動上只能一步一步前行,爭取做到每一步比前一步做得更好。這是每一個初任主管的人都要做的心態調整。

因此,好的戰略是什麼?不是追求「當下的最好」,而是追求「未來的更好」;不是把「最好」當目標,而是把「更好」(提高)當目標。

那怎麼提高呢?靠循環。

我們在上一節講過,凡事有交代、件件有著落、事事有回音,這就是閉環的核心理念。如果一組閉環首尾相連,且每一個閉環的業務水準都比上一個閉環的業務水準有所提高,我們就稱之為循環。

閉環你已經學會了,現在要學會循環。在管理團隊時,每一個閉環結束的時候,你可以接受不完美,但是不能接受下一個閉環的業務水準不提高。

PDCA 循環

人與人之間的差別所在,除了武藝,還有武器。丈八蛇矛再強大,也強大不過一支 AK47。我給大家介紹一個很好用的方法(武器)——PDCA 循環(又叫戴明循環)(見圖 5-2)。PDCA,即周密計畫(Plan)、嚴格執行(Do)、同步檢查

（Check）和及時調整（Act）。

先來看一個案例。某家嬰兒車公司的 CEO 接到了一個嚴重的產品品質問題投訴，句句在理，針針見血。CEO 非常重視，緊急召開高級主管會議，研究對策。討論了幾小時後，各部門都提了不少改進建議，CEO 也提了很多要求。CEO 對大家的態度很滿意，最後做了總結陳詞：「不看廣告看療效，大家要立刻行動起來，散會。」

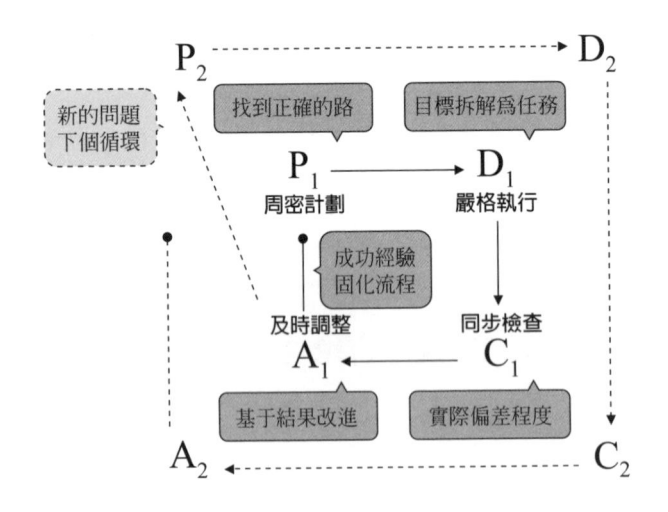

圖 5-2　PDCA 循環

過了一些天，他問負責產品的副總裁：「上次開會時，我讓你派人去德國考察一下他們的品質管制體系，你們去了嗎？感覺怎麼樣？」

副總裁說：「啊？我正在忙品質改進的事，還沒空想這件事，真要去考察？」

這麼重要的事情，副總裁居然沒把它放在心上。為什麼會這樣？並不是因為副總裁缺乏執行力，而是因為公司缺少「PDCA循環」的管理方法。

CEO的問題不是沒有計劃（Plan），也不是沒有行（Do），而是沒有檢查（Check），更沒有調整（Act）。PDCA其實是不斷循環提升的4個步驟。

第一步，周密計畫。

我們來看一個送水的故事。A和B都發現村子裡缺水是個商機，那怎麼辦呢？A組織了摩托車隊，去附近的村子裡運水，每桶水收0.5元，賺了一些錢。B覺得這個辦法不行，「天花板」很低。B去聯繫了勘探隊，一找果然有水源。但打井是要花錢的，他又找到附近的一家水廠，說我們村子裡嚴重缺水，每天吃運來的水挺貴的，如果我們聯合投資打一口井，然後透過管道把水引到村子裡，這樣不僅村民用水會很方便，自來水的成本也會更低，我們就能佔領這個市場。B的計畫實施後，A的摩托車隊無利可圖，不得不退出市場，B靠自來水實現了長期盈利。

故事裡的A說做就做，既然缺水那我們就送水。做好當下的每一件事，美好就會自然呈現。A也確實賺到了一些錢，並因此認為自己是對的。可是B認真計畫了整件事，笑到了最後。

這個故事告訴我們：通往利益最近的道路，可能不是最正確

的道路。你必須一開始就把目光放長遠，在看到更大的地圖之後，規劃出那條最正確的路徑，這就是周密計畫。千萬不要用執行的勤奮，掩蓋計畫的懶惰。

制訂一個好的計畫，不是要花大量時間在精美的表現形式上，比如高大上的圖表設計或漂亮的 PPT，而是要花大量的時間在調查研究上。只有經過充分的調查，我們才能獲得準確的資料和資訊，從而確保計畫的科學性和可行性。

第二步，嚴格執行。

執行是大家唯一不會忘記的，因為總得做事，但也因此執行成為很多人唯一的一步。

執行的關鍵是主管要把目標拆解為任務，第 1 章介紹過如何進行拆解。有了基於計畫分解並分配到每個人工作列裡的、有時間限制的具體任務，執行就變得責任明確、優先順序清晰。

第三步，同步檢查。

「用人不疑，疑人不用」，這句話沒錯，你對人是不疑的，但是你對事是要檢查的。不疑人，但要查事。

大約 4700 年前，就有一個很好的同步檢查案例。古埃及國王胡夫的父親曾蓋過一座彎曲金字塔，為什麼叫這個名字？因為這座金字塔一開始跟地面的夾角約為 55°，建造到一半，發現如果繼續以這個角度建造下去的話，塔身可能會因無法承受整個結構的重量而坍塌。於是，他們就把這個角度改成大約 43°，並繼續建造。最後塔身是彎曲的，大家就叫它彎曲金字塔。

所以，如果計畫存在隱患，執行過程中你又沒有及時發現的話，最後得到的很有可能就是一個殘次品。因此，在執行過程中一定要不斷檢查，及時找出並解決問題，最後才有可能達成任務目標。

那到底要檢查什麼？檢查現狀相對於計畫中設定的標準的偏移度。我們一開始制訂計畫的時候要明確時間標準和任務標準，有了這些標準之後，你才知道結果與標準是不是有差距，如果有差距，就要查找問題所在。

第四步，及時調整。

及時調整就是基於檢查出來的結果做及時改進，並把成功的經驗加以推廣，固化成流程或標準，同時把發現的新問題放到下一個 PDCA 循環裡。這是最重要的一步，循環就是由一組首尾相連、不斷提高業務水準的閉環構成的。及時調整這一步要是提升了，每一次閉環都往上走一步，工作水準就能實現螺旋式上升。如果沒有往上走，就是簡單的重複；如果往上走了，就是反覆運算。

用 PDCA 提高客戶滿意度

我們先來看一個具體例子。

你是客服部門的主管，老闆對你說，目前客戶滿意度只有 75%，競爭對手的客戶滿意度是 95%，你們一定要提高客戶滿意度，至少從 75% 提高到 90%。你會怎麼做？

第一步（P），你要分析客戶滿意度不高的原因，然後做計畫。

調查之後發現，原因主要有：客戶每次打電話投訴，員工解決問題的時間太長，平均3天才能處理好；或者客戶聽完解決方案之後覺得有道理，可是步驟太複雜，做的時候又忘了，還要再打電話問一遍；還有些客戶覺得，客服在回答問題時總是冷冰冰的，影響他們的心情。其中，第二個因素占比最高，有60%的客戶都是因此感到不滿。那怎麼辦？

第二步（D），解決「客戶聽完了覺得有道理，但後來又忘了」的問題。

在電話裡給客戶講完問題解決辦法之後，員工還要把具體的3～5個步驟寫成一條訊息發給客戶，這樣就不怕客戶忘了。

第三步（C），市調用戶回饋。

有些客戶回饋說，真好，沒想到你們還提供這項服務。還有些客戶說，有的問題比較複雜，文字還是看不懂，要是有張圖就好了。可是發訊息不能帶圖，怎麼辦？

第四步（A），及時調整。

第一，把發訊息列入工作流程。

第二，啟動下一個計畫——解決發訊息不能帶圖的問題。這個時候非常關鍵，因為在第一個閉環的基礎上，第二個閉環啟動了。

第一步（P），怎麼才能帶圖？

用MMS（多媒體簡訊）、微信公眾號，還是電子郵件？

MMS？很多人不用MMS，而且發的圖片也不夠清晰。電子郵件？很多人沒留EMAIL，他們也不用電子郵件。那麼微信公眾號呢？用公眾號文章發圖不錯，而且還有額外的好處：微信公眾號關注者會增加。於是，你決定在公眾號上發文章。

第二步（D），微信公眾號。員工回答完客戶問題之後，請員工把方法寫成文章，並在文章最後附加簡潔明瞭的操作步驟圖片。把文章在公眾號發布，然後讓員工發一條訊息給客戶：剛才您的問題解決了，我們把這個解決步驟寫在微信公眾號文章裡了，請您關注某某公眾號，然後回覆「34567」，就能看到解決這個問題的步驟。

第三步（C），檢查公眾號後臺的回饋。

檢查發現，有很多人關注、留言、表揚這項服務做得真好。

也有用戶回饋說，文章好是好，但很慢，我早上提的問題，你第二天才給我整理成文章。

檢查出了新問題，怎麼辦？調整啊。

第四步（A）及時調整。

可以設計一個文檔範本，依次講問題的症狀、原因和解決方案，再把操作步驟製作成圖。這樣員工就可以把內容填入範本，本來寫文章要半天，現在1小時就可以搞定，這樣就不用等到第二天出文章了。

搞定客戶遺忘解決方案的相關問題之後，大家又發現，機器

崩潰的問題很重要，需要馬上搞定，不然會嚴重影響顧客滿意度。怎麼辦呢？第一步（P），設計機器崩潰問題在最短時間內得到處理的流程。如此，又一個閉環啟動了（見圖 5-3）。

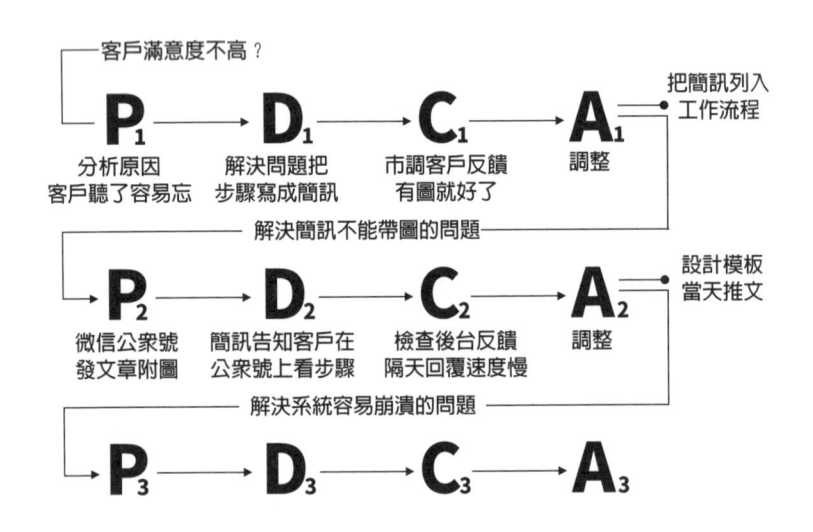

```
       ┌─客戶滿意度不高？
       │                                          把簡訊列入
       └→ P₁ → D₁ → C₁ → A₁ ─● 工作流程
         分析原因  解決問題把  市調客戶反饋  調整
         客戶聽了容易忘 步驟寫成簡訊 有圖就好了
          └─解決簡訊不能帶圖的問題──┐
                                    │            設計模板
            → P₂ → D₂ → C₂ → A₂ ─● 當天推文
             微信公眾號  簡訊告知客戶在  檢查後台反饋  調整
             發文章附圖  公眾號上看步驟  隔天回覆速度慢
              └─解決系統容易崩潰的問題──┐
                                        │
                → P₃ → D₃ → C₃ → A₃
```

圖 5-3　用 PDCA 提高客戶滿意度

這就是 PDCA。這就叫作「提高靠循環」。

小結

我們所說的循環，是由一組首尾相連、業務水準不斷提高的閉環構成的。每一個閉環結束，主管可以接受這個閉環不完美，但是不能接受下一個閉環的業務水準不提高。

怎麼才能做到提高？我們介紹了 PDCA 這四個步驟：周密計畫、嚴格執行、同步檢查和及時調整。

學員案例與感悟

周樹濤：PDCA 就像上學時做應用題。首先你要解題，弄明白這是個什麼問題，並根據問題和線索找到解題思路，這是 P（計畫）。然後按照思路列公式進行計算，這是 D（執行）。計算的時候，可以邊列公式邊驗證解題思路對不對，是不是在向最終的答案靠攏，這是 C（檢查）。如果發現解題思路走不通，那麼就要及時調整思路，或者乾脆換個方式，直至解決問題，這是 A（調整）。經過這個解題過程，不僅同類的應用題都會了，而且有時還會發現更簡便、更通用的解題方法。

張玉傑：講一個令我印象深刻的失敗案例。在一個專案裡，負責需求市調的同事把用戶的需求回饋回來，專案組內部開了

> 評審會，制訂了詳細的執行計畫方案，任務步驟也拆解得很清楚。P（計劃）與D（執行）做得都沒有問題。但是在檢查最終交付結果時，發現有一個表格沒有按照客戶的要求設計，未能實現用戶的一個統計需求。而且這個問題出現在前敘環節裡，一旦改動，整個產品的設計都要改動，設計、開發、數據處理、測試、部署都要重新來一遍，將導致專案交付延期。覆盤追溯問題時發現，就是表格設計完成後，需求負責人沒有及時檢查設計導致的（缺少C）。

發展靠規劃

執行靠閉環，提高靠循環，其實講的是短期和中期的事。短期內完成任務靠閉環，主管有無數需要執行的事在手邊，要靠閉環，不能有漏洞，不能出現不了了之的情況；中期的團隊成長靠循環，就是閉環之間首尾相連，業務水準不斷提高，團隊能力才能不斷增長。那長期呢？長期的做大做強靠規劃。

很多主管缺乏長期觀念。比如老闆問主管：從「兵頭」做到「將尾」，你最大的責任是什麼？主管回答：帶領團隊，使命必達，老闆指哪兒打哪兒，不論你說打哪個山頭，我保證帶著團隊

打下來!

這個回答豪情萬丈,讓人感覺此處應有掌聲。但是這對嗎?我認為這不對,至少不完全對。

僅靠戰術上的勤奮,打不下明天的山頭

你的工作,不僅僅是帶領團隊完成今天的目標,還要帶領團隊完成明天的目標——老闆明天會有更大的目標,老闆明天想打更艱巨的戰役。你不僅要拿下今天的山頭,還得為老闆明天想打的仗做好充分的準備。否則,你會在贏得今晚的榮譽後,在明天被淘汰掉。

所謂充分的準備,是指你要明確明天的目標是什麼,打下明天的山頭需要什麼樣的武器,帶領明天的部隊需要什麼樣的能力提升,這是三個終極拷問。但是,大部分主管都做不到。

我們來看一個主管的工作自畫像:

每天早上先開部門的每日晨會,接下來開專案例會,然後再開主管例會。開完三個會之後,就做 A 專案,然後是處理 B 專案,接下來是 C 專案。最後是制度流程方面的工作,討論資料庫優化方案。

從早上 8 點到公司,一直到晚上 7 點多離開公司,他的時間被塞得滿滿當當。而且這種情況幾乎是日復一日,每天都疲於奔命,只顧著處理這些眼前的事情,而忘了抬頭想一想以後的發展規劃。

他的同級以及下屬一線主管也都存在這種情況——「用戰術上的勤奮掩蓋戰略上的懶惰」。為什麼會這樣？正如美團的王興所說：多數人為了逃避真正的思考，願意做任何事情。

時間管理的基本原則，首先要做重要又緊急的事，其次做重要但不緊急的事。但很多人把重要又緊急的事做完之後，會接著去做緊急但不重要的事，因為它們迫在眉睫。

做緊急的事會讓自己獲得一種付出的安全感——快速完成任務後的安心與放鬆；做重要但不緊急的事，比如每天的學習任務，你很可能會覺得焦慮，因為它的效果沒有完成緊急任務那麼立竿見影。為了逃避焦慮，你會讓緊急的事情塞滿自己的時間，但它們基本都和發展、成長無關。這時主管就像一隻跑滾輪的倉鼠，或蒙著眼睛拉磨的驢，感覺自己是在一直往前走，其實是在原地打轉。

那應該怎麼辦？

要懂得規劃。規劃就是：跳出日常工作，站在三年後，懸在半空中，用上帝視角看待團隊，然後以終為始。

為什麼要做規劃？因為你成為主管了。

員工是直接面對任務的，任務的內容、時間和人員往往都被主管安排得明明白白。而主管則是透過員工來執行具體任務和完成目標的，所以工作中經常做規劃。

執行者活在當下，眼中看到的可能都是緊急的事；可是成為主管之後，你要培養管理者思維，活在未來，眼中看到的應該都

是重要的事（見圖 5-4）。因為，未來很快會變成當下。

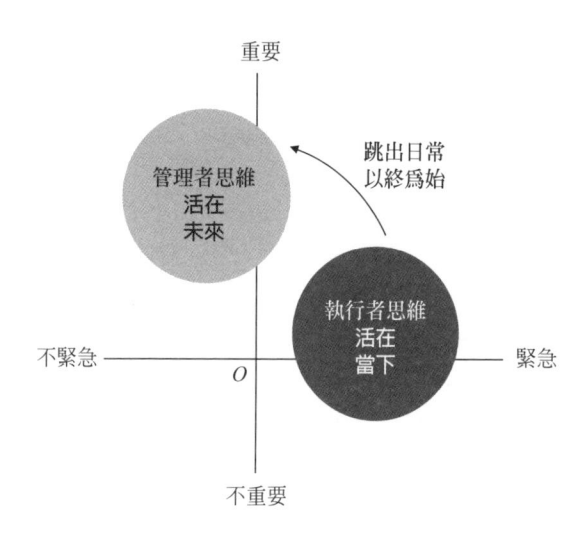

圖 5-4　活在未來

看五年，想三年，認認真真做一年

我們說發展靠規劃，那要怎麼規劃呢？

規劃就是不斷從具體事物中抽身出來，進行前瞻性思考，謀定而後動。具體來說，做好規劃有三步（見圖 5-5）。

第一步，練習做三年規劃。

三年規劃要問三個問題。

問題一：三年之後，我的業務是什麼樣子的？

具體來說就是,三年之後,我們獲得了什麼樣的成就;我們為公司創造了多少利潤;我們在別人心目中會獲得什麼樣的認可。

練習做三年規劃
3
- 我的業務是什麼樣子的?
- 我的同事是什麼樣子的?
- 我自己是什麼樣子的?

確定最近一年要做的三件事
3
- ……
- ……
- ……

設定一年三件事的衡量指標
3
- 有總比沒有好
- 可衡量、數據化
- 分清楚前置指標、後置指標

圖 5-5 做好規劃

舉個例子,2013～2018 年,我創辦的潤米諮詢的主要增長來自線下培訓諮詢和線上課程。幾年下來,線下培訓諮詢和線上課程這兩條業務線都獲得了比較大的影響力,同時我的時間也被它們占滿了。我必須思考,公司的第三增長曲線是什麼。所以在 2018 年 7 月,我規劃好做微信公眾號,一開始招了兩個人,過了一年半,有五六個人了。

這一年半我們一直都不賺錢,只是不斷地輸出有價值的文

章。因為我想的是三年之後的 2021 年，公司的收入不能完全取決於我的時間，不然公司的發展很容易觸及天花板，所以必須提前為此耕耘。

一年半下來，公眾號的粉絲數突破 60 萬，我們嘗試了廣告推廣業務，嘗試了「潤米優選」，並開始了「潤米造物」。如果不是在 2018 年做好了三年規劃，只是一門心思地往前衝，靠老業務獲得收入，那麼三年之後很有可能環境發生了變化，企業增長乏力。

所以，做規劃首先要問自己，三年之後要做什麼。

阿里前人力資源副總裁黃旭老師，向我介紹了一個做三年規劃的優秀案例。黃旭曾經投資過一家跨境電商公司，它能做到人均年營業收入 380 萬元，這個數字遠超大部分企業。他們是怎麼做到的？

這家公司的創始人說，這不算什麼，其實他只需要一半的人，就能取得這個成績。換句話說，公司的人均效率還可以再翻一倍。那為什麼還要招這麼多人呢？他說，因為公司還需要另一半的人去做明年和後年的事。比如公司有一個 100 多人的研發團隊，目前不創造一分錢的業績，他們在做的是明年和後年的事情。

這家公司是做三年規劃的好榜樣。黃旭喜歡用「三塊肉」來形容三年規劃：吃一塊，夾一塊，看一塊。做企業要學會吃在嘴裡，夾到碗裡，看著鍋裡。

問題二：三年之後，我的同事是什麼樣子的？

具體來說就是，三年之後，他們達到什麼樣的水準，大概有哪些方面的能力，有什麼樣的背景。我們的公眾號只靠內容增加粉絲，而讀者對文章品質的要求只會越來越高，所以公眾號團隊招的每一個人，其寫作水準都要超過當前員工的平均寫作水準。

問題三：三年之後，我自己是什麼樣子的？

我希望三年後，公司一半以上的收入是與我自己的時間無關的，我可以去開拓公司的第四增長曲線、第五增長曲線。

第二步，確定最近一年要做的三件事。

根據大家的工作經驗，一年下來，雖然事情多如牛毛，但真正對你和你的部門有重大影響的，一般不會超過三件事。貪多嚼不爛，一年聚焦三件事，足以讓部門有所成長。

舉個例子，為了實現三年規劃的第一個目標，團隊的業績要翻三番，那麼今年的業績必須要增長 100%，這是第一件事。第二件事，今年團隊必須把末尾 20% 的員工淘汰掉，然後招到高於現有員工平均水準的人。第三件事，作為主管，自己一直都不太善於溝通，今年要參加一些培訓，讓自己能夠很好地開會和進行一對一談話，盡可能地降低資訊損耗。

第三步，設定一年三件事的衡量指標。

設定衡量指標的第一原則：有總比沒有好。

任何管理都需要評估，評估就需要衡量指標。沒有衡量指標，就沒辦法客觀地評價團隊、評價自己。你可以不用衡量指標

來考核，但一定要有衡量指標。它們就像汽車的儀錶盤一樣，指示著車輛的運行情況。

設定衡量指標的第二原則：可衡量、資料化。對於公眾號，其衡量指標之一是文章品質要高。

但是，「文章品質高」這一表述過於籠統。為了實現衡量指標的可衡量和資料化，我們可以參考公眾號管理後臺的相關資料，比如閱讀量（文章品質高才會有人讀）、**轉發率**（文章品質高才會產生轉發）、**新增關注**（文章品質高，新用戶才會關注）。

這些資料都有指示作用。我們最終選擇「新增關注」作為可衡量、資料化的衡量指標，來評價文章品質。

設定衡量指標的第三原則：分清楚前置指標、後置指標。前置指標就是結果還沒有發生，但你一看到前置指標，就能預測到這件事會出問題。比如說我們每天必須見 20 個客戶，才會產生銷售，這就屬於前置指標。

後置指標通常是財務指標，比如公司今年完成的銷售額是 2000 萬元，沒有達到原定的 2500 萬元目標，這個 2500 萬元就是後置指標。很多人說 KPI 這種考核方式有很大的問題，其實並不是 KPI 本身有問題，而是應該把關鍵的前置指標而非後置指標作為 KPI 考核指標。

比如美國西南航空公司的營業收入（後置指標）很不錯，這是因為它成本低，進而實現價格便宜，機票不愁賣不出去。而實

現低成本的關鍵是它關注了空駛率,別的航空公司從落地到再次起飛需要 1 小時,西南航空公司只需要 10分鐘,空駛率很低。因此把空駛率這個關鍵的前置指標作為 KPI,就能實現年度營業收入目標這一後置指標了。

我們要多關注前置指標,少關注後置指標。

小結

員工可以活在當下,管理者必須活在未來。因為未來,很快會變成大家的當下。

怎麼才能做到活在未來?要懂得規劃。規劃就是:跳出日常工作,站在三年後,懸在半空中,用上帝視角看待團隊,然後以終為始。

怎麼做好規劃?要做三件事:練習做三年規劃,確定最近一年要做的三件事,設定一年三件事的衡量指標。做好這三件事,就能打造出一個不斷發展的團隊。

學員案例與感悟

習習：公司開季度會議的時候，大家怕的就是做總結，更怕的是做下個季度的計畫。一方面是大家比較怕寫東西，另一方面是害怕動腦，當然也是想著不用擔責任，反正計劃是領導定的，錯了也是領導的責任。

李春朋：我在公司的一部分人眼裡是善於規劃的。我很早以前就在思考戰術上的勤奮和戰略上的懶惰這個問題。倒不是因為雷軍，而是從我一個親戚身上開始反思的。他是個農民，全村數他最勤快，他的作息表時間一點不輸於李嘉誠、稻盛和夫，早晨四點半就起床去地裡做事。他也聰明，會的手藝很多，但他卻是我們親戚中最窮的。我也曾因為他的經歷懷疑過人生，但雷總提出的「用戰術上的勤奮，掩蓋戰略上的懶惰」，算是解答了這個問題。

晏娜：我的三年規劃──

三年後，我已經開了多種類型的實體門市，並且都取得了成功，也總結出了一套屬於自己的方法和複製培養標準。

三年後，我的每一位同事都是某個小領域的專家，他們非常擅長自己的領域，當我們一起合作時，能夠事半功倍。

一年三件事：

第一件事，提高培訓能力，新人入職 2~3 個月，可以達到中上水準。

第二件事，持續對店內的服務細節、產品、環境進行優化。第三件事，開一家可以擺脫同質化競爭，並讓顧客心情愉悅的實體門店。

制定評價指標和考核標準：

第一件事，以「新人的能力考核成績+成長時間」作為標準進行測評；以所有人能力的平均水準作為新人的考核標準。

第二件事，以顧客滿意度、顧客回購率、客單數等作為門市的評價指標。

第三件事，以營業額和利潤作為考核標準。

健康靠文化

關於合作，我們已經講了三件事，並給出了相應的解決方案：短期內完成任務靠閉環，中期的團隊成長靠循環，長期的做大做強靠規劃。你已經開始懂得，如何讓一個團隊很好地合作，在短期、中期和長期共同創造價值了。

下面你要開始學習第四件事，降低自己的重要性，讓自己在團隊裡越來越不重要。如果主管不重要，那什麼重要？文化更重要。

為什麼文化更重要？我們透過一個例子來說明。

很多新任主管容易犯一個錯誤，叫作「容忍黑」。什麼叫作「容忍黑」？

舉個例子。有個員工老是遲到，其實他過去也遲到，只是你當時不關注罷了。現在你當了主管，他是你手下的員工了，你開始關注他，並且突然意識到他總是遲到。

那怎麼辦呢？

批評的話你說不出口，因為你剛升任主管。那就先做個示範吧，你每天準時到公司，對大家說每天準時上班很重要，大家都說好，但這個員工還是不準時。

然後你只好找他當面聊，告訴他每天9點準時上班很重要，工作太忙太累偶爾晚幾分鐘沒關係，但如果比9點半還晚，那就不行了。他說，知道了。

但你發現,他本來只是晚幾分鐘,慢慢竟然變成了 9 點半到。再過幾天不僅他遲到,其他人也開始遲到了。因為大家知道你的容忍極限是 9 點半,所以你一開始看到的是零星的人遲到,後來慢慢變成了零星的人不遲到。

然後你就發現,9 點半逐漸變成了大家默認的上班時間,甚至有人開始比 9 點半還晚。

你抓住一個遲到的人,問他為什麼這麼晚?他說路上堵車。你說這不行,堵車也不能 9 點 31 到。他一臉不高興地說:「至於嗎,我才遲到了 1 分鐘。」

你一口鮮血噴在螢幕上,他已經預設 9 點半上班了,這就是「容忍黑」的結果。

社會化合作離不開人性、道德和法律

怎麼解決「容忍黑」這類問題?我們要重新理解「文化」。人類文化、企業文化,都是為了讓人們更好地合作。

再小的公司,再小的團隊,都是一個共同合作體,就像整個人類社會是共同合作體。理解了人類社會的合作,就能理解整個公司的合作。

要理解人類的合作,我們要先理解三件事:人性、道德和法律(見圖 5-6)。

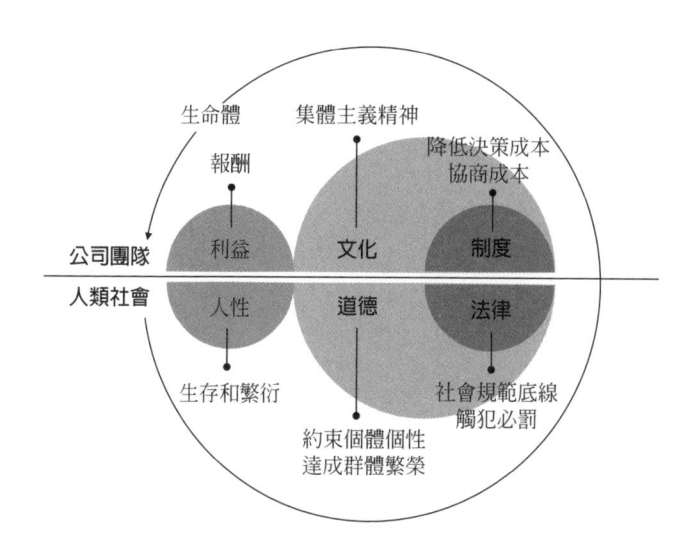

圖 5-6　人性、道德和法律

　　我們每個人的人性，其實只有兩點：生存和繁衍。多吃多占是人性嗎？是的，這是為了生存。母性是人性嗎？是的，母親保護孩子是為了繁衍。但如果為了人性而生存的話，強壯的人就會掠奪弱者，人們就會變得非常不團結，最後導致群體衰落。

　　為了群體生存，人們慢慢演化出一套約定俗稱的規範。

　　這套規範就叫作「道德」。比如，感恩是道德，感恩的本質是「預付費制的交換」，你先幫我，我必將幫你，這將潤滑群體的合作關係。

　　而法律則是每個時代的人對道德中的社會規範所劃的底線，比如不能殺人，這條底線就是法律。法律是道德的子集，是一旦

觸犯，必然要受到懲罰的道德。

人類社會是靠人性、道德和法律這三個因素來合作運行的。公司作為一種組織，帶有人類社會的基因，也有三個類似的因素：利益、（企業）文化和制度，它們與人性、道德和法律一一對應。

人性追求生存和繁衍，往往表現為注重個人的利益。員工來公司工作，是要獲得報酬的，這樣他才能生存和繁衍。可是一個人為自身的利益，進一步去侵佔別人的利益、組織的利益的時候，公司就營運不下去了，因此公司必須有文化，文化不是剛性的約束，它是大家要宣導的東西，以此讓整個公司運行得更好。有的人把文化歸結為集體主義精神。

那麼，什麼是剛性的約束呢？制度。它是企業文化中最小的子集，公司成員必須遵守，比如敢在公司裡打架或偷竊的員工，必須予以開除。

前面說過，9點上班這一制度，是全公司約定好的，目的是共同合作，以提高效率。制度都是有原因的，無論是員工還是主管，都要理解制度背後更深層次的原因。好的制度能降低企業的決策成本和協商成本，降低犯各種錯誤的機率。

所以怎麼讓公司健康？靠利益、（企業）文化和制度。它們能讓合作效率越來越高，讓公司和團隊逐漸變成一個生命體，就像一個人一樣，能夠協調自己的手腳，飛快地奔跑。然後你才可以弱化個人影響，從殺伐決斷，到把權力關在籠子裡。

打造健康生命體的三個建議

那麼,怎麼打造健康的生命體呢?有三個建議(見圖 5-7)。

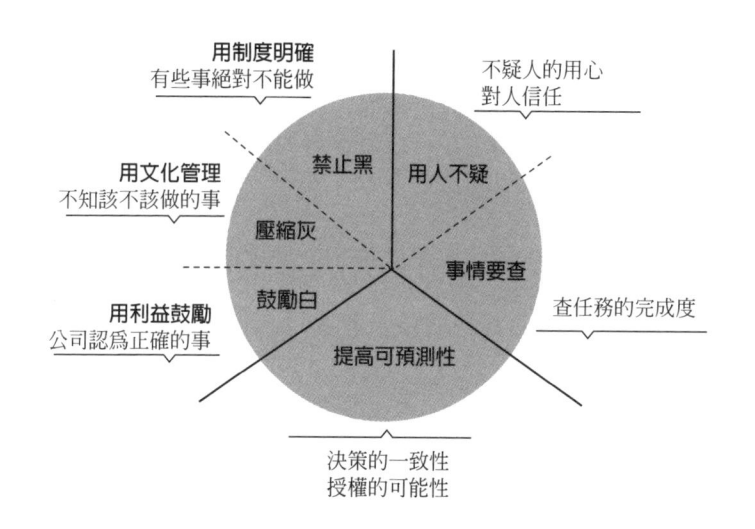

圖 5-7 打造健康生命體的三個建議

第一,懂得鼓勵白、壓縮灰和禁止黑。

鼓勵白。就是用「利益」來鼓勵那些公司認為正確的事。比如,業績好就給獎金;對公司的發展有巨大貢獻,就給股份。

壓縮灰。比如員工只顧自掃門前雪,不去幫助別人,這就是灰度的。你不能說他是壞人,也不能因為這種行為把他開除,這時就要用「文化」來管理。

文化是大家共同的價值觀。我和大家分享一下，潤米諮詢的文化是「激情、承諾、思考、行動、正直、舍滿取半」。出了任何一件事，我們可以用這個文化來判斷這件事該不該做，如果是我們承諾了的，那就該做。這時該不該做就有一個判斷標準了，灰度就會越來越小。這是用文化來壓縮灰。

禁止黑。禁止黑就是用「制度」來明確有些事絕對不能做。比如說做新媒體，抄襲就是一條剛性邊界，絕對不能碰，哪怕抄襲一點點也是黑，必須嚴懲。

要從第一天開始就依照制度禁止黑，否則以後很難往回收。一旦你因為這個人貢獻很大，容忍了他，就會有一堆人跟隨違規，最後覆水難收，因為法不責眾。大家要知道，有的時候對制度的捍衛比制度本身更重要。

這就是用利益、文化和制度，來鼓勵白、壓縮灰、禁止黑。

第二，用人不疑，但事情要查。

「不疑」的是一個人的用心，這是對人的一種信任；「查」的是這件事情本身的完成度。抱著「不疑但查」的心態，你才能用利益、文化和制度來鼓勵和規範人們的行為。

第三，提高可預測性。

管理者的決策可預測，自己的升職加薪可預測，這些都有利於提升合作效率。

有的管理者認為不要讓下屬猜透自己的想法，要把話說得模棱兩可，這樣自己就不會犯錯，就能保住自己的權威性。

我聽了很震驚，這種觀念簡直是誤人子弟。

管理者當然要提升自己的透明度和確定性，讓員工可預測。假設作為主管的你手下有 10 個員工，他們一年要做成千上萬個決策，不可能所有決策都跑過來問你。那麼，怎麼讓員工做決策呢？員工得知道，要是主管遇到這件事，他會怎麼決策。如果主管是捉摸不定的，那員工的決策也是捉摸不定的；如果主管的行為是可預測的，那員工的決策也會變得可預測，這樣就會大大提升上下行為的一致性，提高團隊的合作水準。

我們來看一個例子。一個銷售員在和客戶談生意時，客戶提出要打折，銷售員斬釘截鐵地告訴對方：「不好意思，這個折扣真的打不了。你要是不信，可以打電話問我的主管。」客戶不信，當場打了電話，結果發現真是這麼回事。

這個銷售員之所以能這麼篤定，就在於他對主管可能做出的決策充滿信心。他們之間很透明，彼此都知道公司的價值觀、正確的做事方式以及不能碰的紅線。如此一來，工作就會好做很多，單子可能就拿下來了。

管理者的可預測性，帶來決策的一致性，帶來授權的可能性。只有可預測，主管才能讓自己變得越來越不重要，讓利益、制度和文化變得重要，公司才能演變為生命體。

此外，提高升職加薪等管理領域的可預測性，也有助於減少員工的短期主義行為。

舉個例子。如果一個人清楚地知道，自己升任主管能拿 1 萬

元月薪，做到 600 萬元營收能拿 12 萬元年終獎，他還會不會不斷地犯錯，違反公司制度？不會。因為他知道晉升和獎金，是他犯錯的機會成本。

反過來，如果公司發獎金，完全看上司的意願，年底發多少年終獎完全不知道。假設去年一年他做得挺好，結果年底沒有任何獎金，這時突然有人給他塞紅包，你說他會不會拿呢？他可能會想：反正年底不知道發多少獎金，萬一像去年一樣，一分錢沒有呢？今天這 3000 元紅包，我先拿了算了。

所以說，如果一個人對未來的收益完全無法預測，那麼當遇到巨大誘惑的時候，他有很大的機率會鋌而走險；反之，如果一個人對未來的收益完全能夠預測，你說他會不會鋌而走險呢？可能會，但不會輕舉妄動。

在管理上，主管應該給員工確定的預期，越是可預測，那麼面對今天的誘惑，員工就越不會冒險。

小結

很多人一提到制度就非常痛恨。但是你要記住，壞的制度是增加企業成本的，而好的制度是降低企業成本的。

再小的團隊，都是一個合作體，都有人性、道德和法律問題，對應著組織裡的利益、文化和制度，這三者相結合才能慢慢地把一個團隊變成一個生命體。

> 怎麼把團隊打造成健康的生命體呢?三個建議:鼓勵白、壓縮灰、禁止黑;用人不疑,但事情要查;提高可預測性。

學員案例與感悟

肖老師:我所在教育公司的文化,基本就是靠老師個人的良知。很多老師來得久了,基本知道怎麼回事,所以能偷懶就偷懶,反正老闆從來不管教學品質。差老師工作「摸魚」,好老師覺得不公平,慢慢地工作也不怎麼賣力了。時間久了,很多差老師留了下來,好老師都流失了。因為沒有相關的制度,處罰很難執行,有些老師的態度是你罰我,我就離職。老闆覺得離職處理很麻煩,就經常睜一隻眼閉一隻眼,不去處罰。結果,他越嫌麻煩,麻煩就越多。

聽早雨:關於「可預測性」,我在提供下屬解決問題的指導意見時,經常會在末尾強調一下我做這類判斷、決策的原則,這樣即便我不在,他們也能在同類問題上做好決策。

Eden Wang:我們要做團隊文化的發射塔。一個團隊總是有自己的團隊文化的,沒有團隊文化也是一種團隊文化,一種散兵游泳的團隊文化。作為團隊的管理者,我們必須爭奪團隊文化

的輸出權，做團隊文化的主要輸出者和發射塔。如果我們不去輸出團隊文化，那麼一定有其他人在輸出團隊文化，這樣的團隊文化輸出既是散點式的，也是不可控的、情緒化的、不可預測的。

同時，我們要保持敏銳的嗅覺，能夠比別人更靈敏地嗅到團隊裡那些剛剛出現的好味道和壞味道，好味道要鼓勵，壞味道要敲打，要及時劃定邊界。常有人感慨：「人心散了，隊伍不好帶了。」其實人心不是一時散的，隊伍也不是一時不好帶的，只是他不夠敏銳，後知後覺，非等到這個滯後的結果出現時，才扼腕歎息。

格局靠授權

執行靠閉環，提高靠循環。發展靠規劃，健康靠文化。這四件事講完之後，本節我們來講「格局靠授權」。

很多人成為主管之後，特別享受當老大的感覺。當看到員工做錯事時，他會說，「你放著，我來」。當他熬夜幫下屬做好，下屬特別感激時，他自我感覺非常好：這才是當老大的樣子，老

大就是要有擔當啊!

其實這是不對的。

在這種狀態下,他享受的不是「管理者」的成就感,而是「被依賴者」的成就感。

管理者和被依賴者有很大的區別。管理的本質是透過他人完成任務,所以管理者是要依賴大家的,而不是大家依賴於管理者,那樣管理者肩負重任,就走不了很遠。

有些主管可能會說:可是他們不會,而我擅長。如果我不做,任務就完不成。

如果這樣想,那就是拿著主管的薪水做員工的活。說得嚴重一點,這是貪污,不如開開心心地降職降薪算了。

如果一直延續這種管理模式,還有個大問題:主管會永遠都在管理一個工作室、小團隊,永遠成長不起來。因為他的「格局」不夠大。

心裡多裝人,授予決策權

什麼是格局?格局,就是你能管多少人,做多大事。你能管的人越多,做的事就越大。所以,如果你真的想做大事,心裡裝的應該是人。

格局小的人,心裡裝的事太多,裝的人太少。格局大的人,心裡裝的人很多,裝的事很少(見圖5-8)。

有一次,西貝餐飲集團的董事長賈國龍帶著他的團隊,給領

教工坊的一個私董會小組做分享。賈國龍講了一小會兒，說下面的事情我就不知道了，我請我的同事來講。在聽的過程中，有人會問一些問題，並會詢問賈總的看法。賈國龍說，「我真不知道」，然後對他手下的高級主管說，「你來回答一下」。

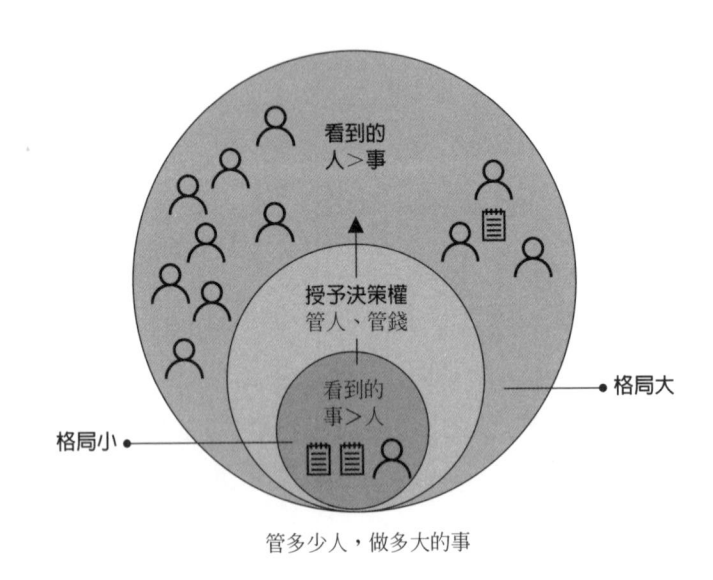

圖中標示：看到的人>事；授予決策權 管人、管錢；看到的事>人；格局大；格局小；管多少人，做多大的事

圖 5-8　格局的大與小

這些場景給了小組的領教（企業家教練）非常大的觸動，因為大家都能看出來，賈國龍是真不知道。很多具體的事情他已經完全不知道了，他就管公司的幾個副總裁，他心中裝的主要是人，而不是事。公司的絕大部分事，都裝在他下邊那些管理者的心裡。

一個公司的核心競爭力是什麼？是那些產品嗎？從來不是，而是那些把產品做出來的人。

吳軍老師是我非常敬佩的人，我特別喜歡和他聊天，他思考問題的方式讓我折服。吳軍老師在《富足》一書中，也講到了授權的重要性。根據他的觀察，那些很難把事業做大的人，往往喜歡親力親為，懂得精打細算，但是不懂授權。

吳軍曾經被請去替一家企業把脈。那家企業經營得不錯，但遇到了瓶頸，每年的銷售額在幾億元徘徊。吳軍瞭解管理流程後發現，最主要的問題就是創始人沒有做大企業的思維。比如企業都已經達到幾億元銷售額了，但是 10 萬元以上的費用還需要創始人簽字批准。公司每年要他簽字批准的單子有好幾百張，光簽字都要花很長時間。

吳軍對他說，「你這樣還怎麼發展業務？而且你也沒有時間去瞭解每一筆錢是怎麼花的」。結果這位創始人說，「其實有些簽字就是走個形式」。那就更糟了，他不瞭解細節，卻替下面的管理者承擔了責任，這會導致大家「懶政」。

這還不是最要命的，有的專案著急簽約，卻因為他太忙，不能及時簽字批准而卡住了。這位創始人覺得自己在總攬大權，掌控方向，但其實他自己成了公司發展的瓶頸，他的事業當然做不大。

後來，這位創始人請了一位專門的 CEO，把 100 萬元以下的財務權下放給他。創始人的精力更多地放在控制各個部門的利

潤率上,而不是看每一筆錢怎麼花。慢慢地,公司的營運效率得到提高。兩年後,該公司的營業額大幅增長,到現在已增長了不止 10 倍。

吳軍在書中講這個故事,是想向大家傳達一個觀念:每個人的精力是有限的,一定要做減法,去做眞正重要的事。想要把事業做大,一定要懂得分享,分享利益,分享權力。

說了這麼多,你可能還是覺得自己只是個小主管,心裡當然要裝事了。這是對的,但是,你從員工走向主管,從主管走向總監,未來要成為副總裁、CEO,這一步一步都是從關注事到關注人的過程。當你是員工時,你的眼中都是事;當你當上主管後,你的眼中開始有人,事在員工身上。隨著職位的不斷提升,可能慢慢地很多事你都看不到了,你看到的更多的是人,這是一個格局不斷放大的過程。

想做到只看人不看事,要靠授權。

很多人對授權這件事有很大的誤解,他們認為這件事已經交給你了,到時候你一定要給出結果。這不是授權,他們交給你的是事情,是責任。但授權並不是授責,更不是分配工作。

授權授的是什麼權?決策權。關於什麼的決策權?管人、管錢和管事的權力。

以我的微信公眾號「劉潤」為例。我的同事幫忙把我的錄音整理出來,轉化成公眾號文章。但是她特別想做一件事,就是希望在發文章之前,我能看一眼,這樣寫行不行。我說:「我不

看，這是你的責任，所以由你決定發不發，同時這也是你的權力。」

那我有什麼權力呢？文章發出去之後，如果寫得不好，我有批評你的權力。這樣她的壓力更大了，同時也更謹慎地對待文章，更認真地思考，因為她知道權力在她身上，責任也在她身上。當她說「潤總，你看一眼吧」，我一旦看了之後，她就非常放鬆了，因為她把發或不發的權力交給我了，責任也就交給我了。

所以，管理者一定要懂得授權，這樣才能騰出時間和精力來做別的事，進而把企業做大。授權同時也意味著，管理者要眼睜睜地看著員工在自己眼皮底下犯錯。主管授予下屬與責任相匹配的權力，萬一下屬失敗，主管應主動承擔起相應的責任。當然，如果員工犯錯成本過高，主管需要加以指導。

那到底該怎樣授權呢？

授權的五個級別

我們都聽說過「韓信點兵，多多益善」這個典故。有人能帶3000個兵，有人能帶10000個兵，而韓信則是多多益善。為什麼？因為韓信格局大，格局大就是因為他會授權。

怎麼才能擁有韓信那樣的格局呢？授權有五個級別（見圖5-9），你可以對照著看看，自己是第幾級。當你達到第五級時，你就擁有韓信那樣的格局了。

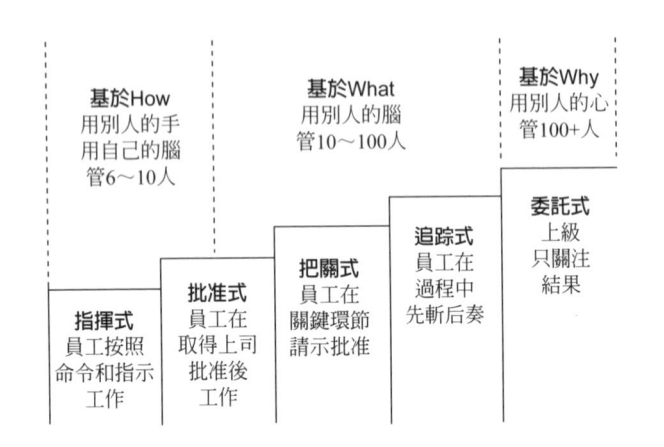

```
基於How              基於What             基於Why
用別人的手           用別人的腦           用別人的心
用自己的腦           管10～100人         管100+人
管6～10人
                                          委託式
                                          上級
                     追踪式                只關注
                     員工在                結果
          把關式     過程中
          員工在     先斬後奏
          關鍵環節
批准式    請示批准
員工在
取得上司
指揮式    批准後
員工按照  工作
命令和指示
工作
```

圖 5-9　授權的五個級別

・指揮式授權：員工按照命令和指示工作

管理者把自己當成三頭六臂的人，自己是頭，下屬是手，完全不需要思考，自己說什麼下屬就做什麼，這就叫指揮式。

指揮式是很多管理者一開始最常用的授權方法，至少他把要做的具體事情交出去了，事情不是自己做了，而是別人做了。這就挺好了，已經往前走了一步。

・批准式授權：員工在取得上司批准後工作

員工思考，但是決定由主管來做，這是批准式。員工問：「主管，這個問題怎麼辦？」主管說：「你在下班之前做兩個方案，我們來聊一聊，看看哪個方案更好。」員工拿著兩個方案過來找主管，主管問他：「這個方案和那個方案的缺點分別是

什麼，怎麼改進？」員工說，應該這麼改進⋯⋯主管聽完，說：「不錯，你去做吧。」這就叫批准式。

批准式意味著主管開始用到別人的腦了，但只用了一部分，最終的決定權還是在主管手中。主管已經往前邁了一大步，不再只用別人的手了。

・把關式授權：員工在關鍵環節請示批准

一件事有七個環節，主管認為其中第三個環節最重要，因為涉及向供應商付款。主管對員工說：「付款環節讓我看一眼，其他六個環節我就不看了，決定都由你來做。」這就叫把關式。

這時，主管在很多事務上已經全部用員工的腦了，只不過關鍵事務還是在用自己的腦，也就是說，除了用了員工的手，更多還用了員工的腦。

・追蹤式授權：員工在過程中先斬後奏

在一件事的整個流程中，員工可以先斬後奏，可以不請示，但是做完之後還是得向主管報告。這就叫追蹤式。這時，主管已經授予員工 80% 的決策權了。

從指揮式授權到追蹤式授權，員工最初犯錯的可能性會變大，但是，因為在實踐中員工的能力也鍛煉得越來越強，所以最終犯錯的可能性會越來越小。

- **委託式授權：上級只關注結果**

「你想怎麼做就怎麼做，別來問我，我只看最後有沒有把『城池』拿下」，這就是委託式授權。

這種授權方式常見於高層管理職位，如 CEO、CFO（首席財務長）、CTO（首席技術長），以及所有合夥人級別的管理層。委託式授權的本質，是這件事已經是下屬的事了，而不再是上級的事，雙方之間是結果交付關係。

這五個授權級別，本質上就是從授權「怎麼做」，到授權「是什麼」，再到授權「為什麼」。

基於「怎麼做」授權的，你用的是別人的手和自己的腦，你只能管 6～10 個人。

基於「是什麼」授權的，你用的是別人的腦，「這件事你必須完成，至於怎麼完成，你自己想辦法」。這時你大概能管 10～100 個人。

基於「為什麼」授權的，你用的是別人的心，「我們一定要到達目的地，因為到達目的地之後，我們將獲得巨大的勝利」，比如微軟所說的「我們能讓全世界每個家庭都有一台電腦」。用別人的心的時候，你能管 100 人、1000 人、10000 人，多多益善。

重讀《創業維艱》[24]一書，我收穫了一個感悟：公司是由一

---

[24] The Hard Thing About Hard Things，繁體中文版《什麼才是經營最難的事？》，本・霍羅維茲（Ben Horowitz）著（天下文化，2018）——編者注

群人組成的,而且大家都是聰明人,聰明人有自己的想法,並想要表達和實踐自己的想法。如果你浪費甚至扼殺了大家的聰明才智,那麼對公司來說是巨大的損失。

要有足夠多雙眼睛,才能讓問題浮出水面;要有足夠多個頭腦,才能讓問題得到解決。

小結

格局小的人,心裡裝的事太多,裝的人太少。格局大的人,心裡裝的人很多,裝的事很少。

從眼中全是事到眼中全是人,是你從員工成長為高階管理者的關鍵步驟。做到只看人不看事,要靠授權。授權有五個級別:指揮式授權、批准式授權、把關式授權、追蹤式授權、委託式授權。

從第一級授權到第五級授權,本質上是從授權「怎麼做」到授權「是什麼」,再到授權「為什麼」;也就是從用人的手,到用人的腦,再到用人的心。

學員案例與感悟

肋骨：人的精力和時間是有限的，這會倒逼主管去授權，我就是很好的例子。雖然這期間會有一個糾結的過程，但是一旦熬過去了，你就會發現授權的好處：地球離了誰都會轉，而且會轉得更精彩。

大樹：在老業務上，我剛嘗試過一次完全的追蹤式授權，導致專案延期一周，專案負責人績效降了 2 級。儘管我主動替下屬扛下了這個雷，但我能明顯感受到下屬躍躍欲試的積極性，以及想做得更好的決心。

黃安琪：針對不同的人，我會採用不同級別的授權方式。

對於經驗較少的、主要擔任執行角色的員工，我會用指揮式授權，這樣既能用好人，也能防控風險。

對於有半年職位經驗的、自己會主動思考的員工，我會用批准式授權，以培養員工的思考力。

對於小組長，我會用把關式授權，針對關鍵節點來審批，整體的流程推進可以由他自己去主導。

對於負責一個專案的主管，一般我會使用追蹤式授權，只要一

開始的預算和方案報批透過了，那就由主管去統籌整個專案的決策，遇到問題了再去追究責任。

對於事業線的負責人，我會使用委託式授權，直接下達組織目標，今年這個部門要達成什麼結果，具體如何做都由這個負責人去制定相應的策略和執行步驟，我只看每個季度的結果就可以。

小光：根據權責利匹配原則，授權越大，下屬的責任就越大，同時激勵也應該越大。很多主管、主管，僅僅是把責任放了下去，但權力和利益沒有同步放下去，這就造成了錯配。打個比方，你讓我上陣殺 100 個敵人，這是責任。但你得讓我使用武器，讓我能指揮我的小隊，不能讓我綁著手腳上戰場，這是權力。當我帶隊殺了 100 個敵人時，你得給我相應的獎勵，必須論功行賞，否則我不可能流血流汗去殺敵，這是利益。

我們事業部有個原則，專案主管能做的工作，合夥人不會做，諮詢師能做的工作，專案主管不會做。這其實就顯現了授權的思想。現在做專案時，常規的報告我是不會寫的，比較難的報告我會做頂層設計，過程中也會給予指導。根據任務難度的不同，五種級別的授權方式我都會使用。

效率靠流程

學了這麼多,我們開始明白一個道理:複雜是成熟的代價。孩子天真無邪,但他終將長大,否則便是一個巨嬰。

今天,我們要講從員工晉升到主管,也就是從孩童走向成熟的一個關鍵:理解流程的意義,掌握制定和優化流程的方法。

大公司都有財務流程和法務流程。一個銷售員跟客戶談完後,興沖沖地回到公司簽合同。結果財務說這條不行,法務說那條不行,好不容易調整到合規了,還要審批、蓋章、簽字。銷售員往往對這些流程深惡痛絕,說公司官僚、複雜、有問題。

很多人討厭流程,總覺得有些部門故意用低效的流程刷存在感。真的是這樣嗎?

把複雜的事情、類似的決策標準化

或許你不相信,但是,這些流程的確是用來提高效率的。這怎麼可能?如果不是這些流程,我的合同早簽了;如果不是這些流程,發布會早開了。就是因為它們的存在,工作效率才降低的。

我在第 4 章和大家舉過一個例子,升任主管之後,你被員工反覆問同樣的問題,時間被大量佔用,一段時間後就會感到很煩躁。我們再來看兩個生活中的例子,你覺得護士是天使,應該很有耐心,但有些時候她們其實並不算很有耐心,甚至表現出有些

不耐煩。你到火車站問工作人員，洗手間在哪裡，他很可能也會不耐煩。為什麼這些人的服務狀態不如你想像中的好？

站在他們的角度想一想，你就會明白，每天問護士這個科室怎麼走的人，可能有上百個，她前幾次態度非常好，可是講到第100次、第1000次的時候，她早就失去熱情了。火車站的工作人員也是這樣的處境。面對同樣的事情，做重複的決策，效率會大幅降低，而且人也會越來越沒有成就感。

流程就是把複雜的事情、類似的決策標準化。比如有人問：護士，我看胃病要怎麼辦？她立刻遞過來一張列印好的紙，說你按照這上面的步驟一步步來就行。患者拿到紙說：這樣不錯，謝謝。透過這樣做，護士少說了好多話。

那麼，流程真的提高了效率嗎？當然是。

經常有同學跟我說，流程真的有那麼重要嗎？為什麼要弄這麼多條條框框呢？為什麼要搞得這麼複雜呢？團隊不是越靈活越好嗎？不難看出，這些問題的背後都帶有情緒。

為什麼提高效率的流程會讓你覺得難受呢？因為流程為了提高效率給你帶來了約束感。

打個比方，制度就好比安全帶，流程就如同道路的邊界。你在大草原上隨便開車固然自由自在，但你知道怎麼開最安全、高效嗎？道路的邊界幫你規劃好了行駛路線，在這條道路上開才是最安全、高效的，當然它同時也給了你約束（見圖5-10）。

制度
安全帶

流程
道路的邊界

道路的邊界規劃行駛路線
沿路線開最省時間

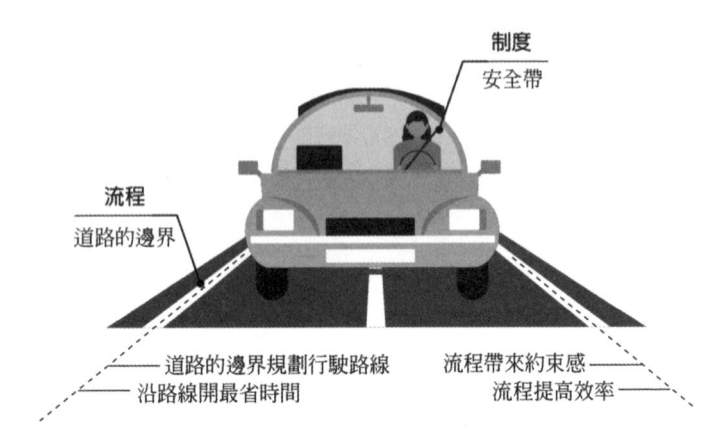

流程帶來約束感
流程提高效率

圖 5-10　制度與流程

透過流程提高效率，是一個主管從簡單走向複雜、從孩童走向成熟的必修課。

什麼是流程？流程，就是一個或一系列連續有規律的動作。這些動作以確定的方式發生、執行，直接推動特定結果的出現。駕駛員就是靠著一系列連續有規律的動作，在駕馭一大堆雜亂無章的零件，而不是靠著對每一個汽車零件的深刻理解來駕駛汽車的。公司管理，也是如此。

流程是「怎麼做」的標準化，願景是「為什麼」的標準化，價值觀是「是什麼」的標準化。流程、願景、價值觀都是用來提高效率的，一旦它們標準化之後，效率就能得到提高（見圖5-11）。

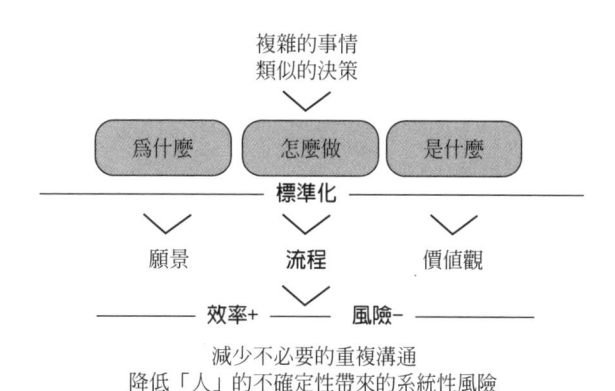

```
              複雜的事情
              類似的決策
                 ▽
      ┌─────┐ ┌─────┐ ┌─────┐
      │為什麼│ │怎麼做│ │是什麼│
      └─────┘ └─────┘ └─────┘
      ─────────標準化─────────
         ▽       ▽       ▽
        願景    流程    價值觀
      ────效率+────── 風險-──────
         減少不必要的重複溝通
      降低「人」的不確定性帶來的系統性風險
         獲得可預期的、持續的、穩定的產出
```

圖 5-11　提高效率靠流程

怎麼理解流程是「怎麼做」的標準化？當員工不知道怎麼辦，不知道下一步找誰，用什麼資源的時候，他可以看一下流程。流程是基於前人的寶貴經驗、踩過的坑，把可能的路障和陷阱都排除掉之後的安全路徑。這個路徑相當於一台決策電腦自動化執行的腳本。

總之，流程的目的是提高效率，降低風險。第一，流程能夠減少不必要的重複溝通。第二，流程可以降低「人」的不確定性帶來的系統性風險，對於企業已經探索過無數遍並已經找到最優路徑的事情，就沒有必要讓員工再去自行探索，以免掉進陷阱帶來系統性風險。第三，企業可以讓員工憑藉流程，獲得可預期的、持續的、穩定的產出。

流程的建立、優化和固化

那麼，怎麼用流程來提高效率呢？有三個步驟（見圖 5-12）。

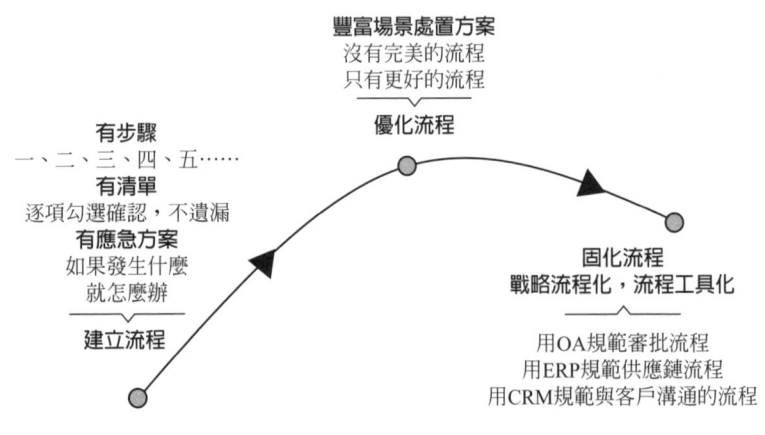

豐富場景處置方案
沒有完美的流程
只有更好的流程
優化流程

有步驟
一、二、三、四、五……
有清單
逐項勾選確認，不遺漏
有應急方案
如果發生什麼
就怎麼辦
建立流程

固化流程
戰略流程化，流程工具化
用OA規範審批流程
用ERP規範供應鏈流程
用CRM規範與客戶溝通的流程

圖 5-12　用流程提高效率的三個步驟

· 建立流程

作為員工往往是痛恨流程的，但成為主管之後，你要開始喜歡流程。出現新業務或增加新事項時，你還要建立流程。主管必須站在為員工服務的視角去建立流程。一套高效的流程。能夠清晰地指導流程中的每一個關鍵人去執行哪些動作，進而輔助事情取得成功。

那怎麼建立流程呢？你可以做三件事。

一是明確步驟。《與成功有約：高效能人士的七個習慣》是

對我幫助最大的培訓。這個培訓課程是美國人史蒂芬・柯維開發的，實際給我們做培訓的是一個新加坡人。那怎麼能保證培訓課的品質呢？他們建立了一個流程。這個新加坡人不是講師，而是引導者（Facilitator），他手裡有一本操作手冊。他先播放史蒂芬・柯維的影音帳，影音帳放完之後，他會從三五個問題裡選出一兩個來問學員，引導大家得出課程的答案。

透過明確具體的操作步驟，柯維所有培訓課的品質非常接近，所以，他的培訓課就可以賣向全球。相比較而言，中國很多講師的培訓只能局限在本地，甚至有些培訓課只有課程開發者自己才能教。

二是製作清單。醫生查房時，護士手上都會拿著清單，一項項勾選確認，保證不遺漏必須詢問病人的問題。在飛機上也是一樣，空姐也是按照清單檢查每一項工作的。按清單做事，能保證不遺漏。

三是明確「如果……就……」。預先明確「如果……就……」，能夠在一些關鍵點上為做決策提供依據。比如，飛機上都有應急方案，如果出現什麼狀況就怎麼操作，寫得清清楚楚。再比如，《得到營運手冊》規定，如果課程裡舉的是不太好的例子，就用「我們」，而不要用「你們」。例如不要說「如果你們生病了」，因為有的用戶會覺得晦氣，而要說「如果我們生病了」。

・優化流程

肯德基、星巴克的點餐流程早就設計好了,但它們也會進行優化。有一次,我去星巴克點咖啡,前面排了好多人。突然有個小姑娘走過來對我說,您想點什麼,我們先幫您做起來。我說要一杯熱拿鐵,她就在紙片上寫了「一杯熱拿鐵」。我在繼續排隊的同時,拿鐵咖啡已經開始做了。等我點完單、付完錢,咖啡已經做好了,這為我節省了很多時間。這就叫優化流程。

・固化流程

華為有個著名的觀點,即管理改革要「先僵化,再優化,再固化」,顯現了華為對流程的尊重,這是華為發展壯大的原因之一。

所謂固化流程,就是將流程形成文字、制度。流程固化下來之後,並不會立刻變成現實,主管要培訓員工,要樹立標桿,鼓勵大家在實際工作中應用,不斷地熟悉。在這個透過流程提高效率的過程中,主管務必要堅持下去。

我們常說,戰略流程化,流程工具化。你可以借助一些系統工具來實現流程的固化,避免有人逾越流程,或悄悄繞過流程。例如用 OA 規範審批流程,用 ERP 規範供應鏈流程,用 CRM 規範與客戶溝通的流程。

公司在成熟期,管理是最重要的,我們要從「沒有管理就是最好的管理」過渡到「向管理要效益」。公司壯大之後,決策層

會發現創業期的許多管理方法都是在抖機靈,耍小聰明,因此決定要從「遊擊隊」變成「正規軍」。經歷過公司創業期的主管,可能會懷念那時的大碗喝酒、大塊吃肉、歃血為盟,但是這就相當於一個人長大後對自己童年的緬懷。也許主管會「討厭」公司規範化管理的樣子,但這是成長的代價。

冗餘,是健壯的成本。複雜,是成熟的代價。

小結

流程是「怎麼做」的標準化,願景是「為什麼」的標準化,價值觀是「是什麼」的標準化。

流程不是用來降低效率,而是用來提高效率的。你覺得流程讓你難受,是因為在提高效率的過程中,它給你帶來了約束感。流程就像道路的邊界,它會帶你走上正確的方向,從而節省時間。

有流程很重要,但更重要的是尊重流程,最重要的是要不斷優化流程,因為流程是階段性產物,它可能是不完美的,並且會隨著環境的變化而變化。流程需要固化成文字、制度,但它不能徹底固定,因為它一直處在持續優化的過程中。

沒有完美的流程,只有更好的流程。

學員案例與感悟

大樹：建立流程是個痛苦的過程。從 0 到 1，是最困難和最痛苦的。開始都是解決一個個小的問題，慢慢擴展成線，最後變成一個體系。流程需要根據實際情況，不斷反覆運算優化。我進公司 4 年，公司的專案實施手冊更新了 7 版。

對照初版與 7.0 版本，幾乎是推倒重建的。在流程的僵化、固化方面，我們做得不夠好，做著做著就偏離了方向，必須用鞭子抽回去，這個抽鞭子的過程也很痛苦。

懷寬：用流程管理才是真正的管理。凡事由主管拍腦袋做決定，不交給員工，這樣的團隊是成長不起來的。

我帶的團隊是個小團隊，聽潤總講授之前，我以為很多問題現在不需要考慮，等人數多了再去解決，比如獎懲機制、激勵機制、流程化和授權。現在我明白了，其實這些事情沒有做，團隊就不會成長。

小光：如果把流程思維內化到我們的生活裡，會極大地提升日常效率。

我們老闆就給他家的保母建立了工作流程。在清潔方面，明確

了每天需要打掃的地方,如地板;每週需要打掃的地方,如玻璃;每月需要打掃的地方,如抽油煙機。在做飯方面,列了10個葷菜、10個素菜、10個湯,每天排列組合,每季度調整更換一次菜單。這樣保母就少了很多決策的煩惱,主人也不會發愁每天吃什麼。

晏娜:聽完潤總最後一次講授,又學到了幾種制定流程的方法,真是及時雨。

建立流程:比如培訓護理流程,第一步做什麼,第二步做什麼,每一步遇到不同的情況時按哪種標準去執行,等等。

核查清單:可以作為淘汰產品的標準。例如,核查這個產品最近的銷量、陳列情況以及市場價格是否偏高等,確認是否將其淘汰。核查清單還可以用在招聘上,例如這個人皮膚過關嗎?有學習動力嗎?表達能力如何?手的柔軟度如何?

「如果……就……」:可以用於一些特殊情況,比如,顧客一個勁地要贈品時我們該如何做;面對顧客投訴,我們該怎麼做;等等。這方面一直是我們想做的,但是一直沒有找到方法,現在思路更清晰了。

聽完潤總的全部講授之後,我覺得非常有價值,幫我減少了3～5年的摸索過程。尤其是動力的六個要素,尋賞、憤怒、

> 恐懼、責任、意義、愛好，為我開啟了成為導師的大門，讓我瞭解到如何讓一個人充滿動力地去努力，去學習，去變得自信和積極。很多時候我找不到方法去激勵一個人，於是就一直鼓勵，現在得到了全套方法，感覺手裡的「武器」多了，關鍵時刻用什麼動力因素，思路特別清晰。這是我收穫最大的一點。

POSTSCRIPT ▶ **後記**

這是一本我一直想寫的書，現在終於寫完了。

多年的主管人生涯和企業諮詢經歷讓我意識到，管理水準的提升已經成為企業參與和贏得國內外競爭的一大關鍵。今天，中國經濟的規模已經極其龐大，透過擴大規模來降低成本快走到頭了，透過提高效率來降低成本已經成為必由之路。

強化管理教育，是中國經濟需要補上的一課。因此，我一直想寫一本適合中國經理人的管理讀本。

市場上有不少寫「第一天當主管」的書。其中有一些寫得很不錯。但是我希望這本書能不一樣。嚴格來說，和同類書相比，一本新書必然要展現出不一樣的東西，不然它就不值得出版。比如，提供不一樣的觀點、不一樣的素材、不一樣的故事、不一樣的風格。但我希望最不一樣的，是這本書能展現出一些管理的「底層邏輯」。因為只有理解底層邏輯，你才能不斷結合實踐，

找到屬於自己的應對萬千變化的方法論。

當然，僅僅理解底層邏輯是不夠的。正如彼得·杜拉克所說：「管理，是一種實踐。」用古人的話來說，就是「紙上得來終覺淺，絕知此事要躬行」。祝你能「手腦並用」，在實踐中感悟對你真正有用的管理方法。

為了方便大家更好地理解和應用相關概念，本書的各個章節都配有豐富的模型圖。我精選了一些重要的模型圖匯總成了一張圖。「一圖勝千言」，我將這張圖放在公眾號裡，大家可以透過掃描下面的二維碼（左圖），並發送關鍵字「關鍵躍升」來領取。

最後，我還為本書設計了 10 道測試題。每個題面都是一個具體的故事，有人物，有場景，貼近現實。四個選項，生動有趣。答案解析部分，不僅說明了為什麼這個答案是正確的，另外三個是錯誤的，而且介紹了所涉及的商業概念，內容深入淺出，希望你能喜歡。

衷心祝願，你們都能順利完成自己的「關鍵躍升」。感謝閱讀。

推薦閱讀

｜劉潤作品集｜

《底層邏輯》

你真的相信眼睛所看到的一切嗎？

　　事實是最不容易產生爭議的客觀存在嗎？或許，我們對事實的瞭解，還不夠全面。或許，我們是被表象或經驗欺騙、迷惑，導致看不透事情的本質。唯有透過「底層邏輯＋環境變數」，才能讓你在千變萬化的世界中，認清所有真相！

《底層邏輯2》

看似複雜的商業模式，用幾個簡單的數字便可輕鬆破解！

　　假如閱讀完《底層邏輯》，你掌握了是非對錯、思考問題、個體進化、理解他人和社會協作五方面的底層邏輯。那麼現在《底層邏輯2》，將用簡單的數字和思維，讓你看清世界的規則，看透商業的本質，破解商業難題，收穫屬於你的成功！

《勝算》

用機率思維找到可複製的核心能力，掌握提高勝算的底層邏輯定準方向、找對方法、做好決策、思維進化、管理智慧、商業邏輯

　　幫你用六大進階步驟、117個思維模型，破解複雜難題，提高人生勝率！

《商業簡史》　　　　**降低交易成本，提升網絡密度**
　　　　　　　　　　　徹底剖析商業進化的歷程，讓每一個在交易世界裡辛苦掙扎的人，從一個打工者越過「中獎者」、「套利者」，成為「取勢者」，收穫時代紅利！

《進化的力量》　　　「不是最強壯的，也不是最聰明的，而是最適合的才能生存。」
　　　　　　　　　　　活力老人、數字石油、新消費時代、Z0 世代、流量生態、跨境加時賽。看清世界變化，你也能成 一隻商業世界的「達爾文雀」，不斷進化、與時俱進。

《進化的力量2》　　 **從意外看到周期，從周期看懂趨勢，從趨勢看清規劃。**
　　　　　　　　　　　應對不確定性的思考框架，化解意外，穿越週期；鎖死趨勢，擁抱規畫，把確定性傳遞給每一個人。安全感來自確定性，但機會藏在不確定性中！

DH00463
關鍵躍升：從個人貢獻者到團隊管理者，高效主管的底層邏輯

作　　者―劉潤
主　　編―林潔欣
企劃主任―王綾翊
美術設計―比比司設計工作室
內頁排版―游淑萍

總 編 輯―梁芳春
董 事 長―趙政岷
出 版 者―時報文化出版企業股份有限公司
　　　　　108019臺北市和平西路3段240號3樓
　　　　　發行專線―（02）2306-6842
　　　　　讀者服務專線―0800-231-705・（02）2304-7103
　　　　　讀者服務傳真―（02）2306-6842
　　　　　郵撥―19344724　時報文化出版公司
　　　　　信箱―10899臺北華江橋郵局第99信箱
時報悅讀網―http://www.readingtimes.com.tw
法律顧問―理律法律事務所　陳長文律師、李念祖律師
印　　刷―勁達印刷股份有限公司
一版一刷―2025年6月20日
定　　價―新臺幣420元
（缺頁或破損的書，請寄回更換）

時報文化出版公司成立於一九七五年，
並於一九九九年股票上櫃公開發行，於二〇〇八年脫離中時集團非屬旺中，
以「尊重智慧與創意的文化事業」為信念。

中文繁體版通過成都天鳶文化傳播有限公司代理，由機械工業出版社授予時報文化出版企業股份有限公司獨家出版發行，非經書面同意，不得以任何形式複製轉載。

關鍵躍升：從個人貢獻者到團隊管理者,高效主管的底層邏輯 = A critical leap : new manager's guide to getting things done／劉潤著. -- 一版. -- 臺北市：時報文化出版企業股份有限公司, 2025.06
面；　公分. -
ISBN　978-626-419-505-8（平裝）
1.CST: 管理者 2.CST: 企業領導 3.CST: 組織管理 4.CST: 職場
494.2　　　　　　　　　　　　　　114006037

ISBN　978-626-419-505-8
Printed in Taiwan

心法篇

責任

- **四種責任感**
  - 對時間、對任務、對目標、對使命
- **目標和任務**
  - 先拆解目標，再拆分成任務

溝通

- **有損溝通**
  - 管理者的嘴→員工的腦
- **三套劍法**
  - 想清楚、講明白、能接受
- **四個話術**
  - 如果……就……｜是的……同時……｜你覺得……｜你是出於善意……

關係

- **情感和利益**
  - 「感情」左右的伙伴→「責權利」上下的戰友
- **對人和對事**
  - 對人不對事→對事不對人
- **關係的本質**
  - ✗家人　✗朋友　✓戰鬥友誼

自我

- **自我邊界**
  - 怕錯、怕下屬能力強、怕下屬影響力大
- **全局效率**
  - 個人級→父母級→君王級

動力篇　鼓手

發動機	燃料	方向	強度	持久性
防禦	恐懼	遠離危險奔跑	極強	極短
防禦	憤怒	面向敵人戰鬥	強	短
獲得	尋賞	利益所在方向	中等	中等
獲得	意義	內心堅定信仰	強	非常持久
結伴	責任	團隊前進方向	中等	持久
學習	愛好	專注所好之事	中等	持久

能力篇　教練

方式	目標	實施辦法
做中學	完成70%成長	周記、分享、復盤
傳授	提煉知識濃度	經歷經驗化、經驗方法化、方法理論化
培訓	提升員工能力	認識價值、善用資源、自律+他律
調工作	發掘員工擅長	能力勝任度模型
替換	購買成長時	識別、解僱、建立外部能量轉換

溝通篇　長官

方式	途徑	怎麼做
想明白	搞清楚「為什麼」「是什麼」「怎麼做」	要區別/明關聯/理順序
說清楚	降維溝通	聽＜說＜寫＜畫
說清楚	善用工具	一對一溝通/即時溝通/電子郵件/走動管理/例會/看板/周報
說清楚	面向未來	流程/制度/價值觀
能接受	反求諸己	沒有私心/不要偏袒/賞罰分明/展示專業性

合作篇　指揮

狀態	方法	時施步驟
執行	閉環	凡事有交代、件件有著落、事事有回音
提高	循環	計劃P、執行D、檢查C、調整A、新問題計劃P……
發展	規劃	三年規劃、一年三件事、衡量做事的指標
健康	文化	鼓勵白、壓縮灰、禁止黑；人不疑，事要查；可預測性
格局	授權	指揮式、批准式、把關式、追朔式、委託式
效率	流程	標準化：「怎麼做」－流程/「為什麼」－願景/「是什麼」－價值觀